Dash编程

用Python和Plotly构建数据可视化程序

[美]亚当·施罗德 (Adam Schroeder) [美]克里斯蒂安·迈耶 (Christian Mayer) [美] 安·玛丽·沃德 (Ann Marie Ward) 著

孙晓青 周伟 译

本书旨在帮助读者快速上手创建Dash应用程序，实现数据可视化。本书第一部分针对初学者，简要介绍Python、PyCharm、pandas当中与构建Dash应用程序相关的知识。第二部分循序渐进地讲解如何使用基于社交媒体收集的数据创建简单的Dash仪表板程序；如何使用世界银行全球数据集创建具有更复杂页面布局的仪表板应用程序，并实现与API实时交互检索数据；如何通过财富仪表板应用程序，构建和调试更复杂的Dash应用程序；以及如何使用Dash探索机器学习算法原理，并进行可视化呈现。本书不仅适用于专业人士，而且对于日常使用数据、喜欢探索数字规律、希望数字赋能生活的人群都有所裨益。

Title of English-language original: *The Book of Dash: Build Dashboards with Python and Plotly*, ISBN 9781718502222, published by No Starch Press Inc. 245 8th Street, San Francisco, California United States 94103.

图书在版编目（CIP）数据

Dash编程：用Python和Plotly构建数据可视化程序/（美）亚当·施罗德（Adam Schroeder），（美）克里斯蒂安·迈耶（Christian Mayer），（美）安·玛丽·沃德（Ann Marie Ward）著；孙晓青，周伟译.—北京：机械工业出版社，2024.6

书名原文：The Book of Dash: Build Dashboards with Python and Plotly

ISBN 978-7-111-75493-0

Ⅰ.①D… Ⅱ.①亚…②克…③安…④孙…⑤周… Ⅲ.①可视化软件-程序设计 Ⅳ.①TP311.561

中国国家版本馆CIP数据核字（2024）第066373号

机械工业出版社（北京市百万庄大街22号 邮政编码100037）

策划编辑：张淑谦　　　　责任编辑：张淑谦　马　超

责任校对：肖　琳　李　杉　　责任印制：刘　媛

北京中科印刷有限公司印刷

2024年6月第1版第1次印刷

184mm×240mm · 12印张 · 241千字

标准书号：ISBN 978-7-111-75493-0

定价：89.00元

电话服务	网络服务
客服电话：010-88361066	机　工　官　网：www.cmpbook.com
010-88379833	机　工　官　博：weibo.com/cmp1952
010-68326294	金　　书　　网：www.golden-book.com
封底无防伪标均为盗版	机工教育服务网：www.cmpedu.com

译者序

TRANSLATOR'S PREFACE

在互联网时代，拥有数据就拥有财富。但是，没有具体应用场景的原始数据往往毫无价值，唯有经过分析、解释和呈现的数据才能成为有价值的资产，因此社会上出现了很多新兴热门职业，比如数据工程师、数据分析师、智库顾问，这些专业人士都擅长使用可视化工具来分析、解释和展示数据。

本书针对 Dash 初级和中级开发人员编写，帮助读者快速上手，创建属于自己的仪表板应用程序，实现数据可视化。本书内容分为两部分，第一部分针对 Dash 初级开发人员，为第二部分构建 Dash 应用程序做准备。本书第一部分回顾 Python 相关基础知识，设置 PyCharm编码环境，介绍用于处理表格数据的 pandas 库。第二部分首先循序渐进地教会读者如何使用基于社交媒体收集的数据创建自己的第一个 Dash 应用程序；然后介绍如何使用世界银行全球数据集，与 API 交互实时检索数据，并创建更复杂的布局；接着，通过财富仪表板应用程序，构建和调试更大的 Dash 应用程序；最后，探索机器学习算法，展示 Dash 的另一用途：对算法原理进行可视化呈现探索。由以上内容可见，本书不仅适用于专业人士，而且对于日常使用数据、喜欢探索数字规律、希望数字赋能工作和生活的人群都有所裨益。

本书作者皆为相关领域的资深专家。亚当・施罗德目前供职于 Plotly，并且在 YouTube 上讲授 Plotly Dash，致力于帮助人们学习数据可视化，其视频每月浏览量超过 6 万次。克里斯蒂安・迈耶创建了深受大众喜爱的 Python 网站：finxter. com，该平台每年帮助超过 500 万人学习编程。安・玛丽・沃德是 Dash 开发者社区论坛的版主和撰稿人。技术评审员汤姆・贝格利（Tom Begley）是一名数据科学家，是 Dash 开发者社区论坛的活跃撰稿人。他们的宝贵经验必将为读者提供切实的帮助。

作为实战教程，本书还提供了丰富的 Dash 和 Python 编程在线资源。衷心希望本书能够成为 Dash 编程构建数据可视化程序学习者的良师益友。

感谢上海工程技术大学为本书翻译提供的支持！感谢机械工业出版社的编辑和每一位幕后人员的辛苦付出！

由于译者水平所限，书中难免有翻译不妥之处，恳请指正，译者邮件地址：cntysxq@163.com。

孙晓青　周　伟

于上海工程技术大学

2023 年 8 月

作者简介

ABOUT THE AUTHORS

近两年，亚当·施罗德一直在 YouTube 上讲授 Plotly Dash，用户名为@ CharmingData。他的视频每月浏览量超过 6 万次。亚当致力于帮助人们学习数据可视化。他拥有硕士学位，专业方向为冲突解决和治理，目前供职于 Plotly。

克里斯蒂安·迈耶拥有计算机科学博士学位，创建了深受大众喜爱的 Python 网站：finxter.com，该平台每年帮助超过 500 万人学习编程。他出版了众多图书，包括 *Coffee Break Python* 系列、*Python One-Liners*（No Starch Press，2020 年）和 *The Art of Clean Code*（No Starch Press，2022 年）。

安·玛丽·沃德是 Dash 开发者社区论坛的版主和撰稿人。她拥有经济学学士学位，是一位退休的首席执行官。她在寻找更好的财务数据分析方法时，惊喜地发现了 Dash，随后开始学习 Python、JavaScript 和 R 语言。她对 Dash 的贡献主要在于改进文档、修复错误，以及添加功能。

技术评审员简介

汤姆·贝格利是一名数据科学家，与他人合作创建了 Dash Bootstrap Components，并对其进行维护。他拥有数学博士学位和 5 年的行业数据科学家工作经验。在为客户寻找构建交互式数据可视化的方法时，他发现了 Dash，此后成为 Dash 开发者社区论坛的活跃撰稿人。

致谢

ACKNOWLEDGEMENTS

本书的编写是大家共同努力的结果。

首先感谢读者，与我们一起度过宝贵时光，希望你们能够有所收获，并能够像我们一样，创建属于自己的仪表板应用程序，体验兴奋的感觉。

还要感谢 Plotly Dash 开发者社区论坛的成员。他们多年来保有的好奇心和持续的支持为我们提供了大量有价值的信息，并提高了我们的 Dash 技能。

非常感谢所有为这本书面世而辛苦付出的 No Starch Press 出版社工作人员。他们的出色工作让本书的写作过程如此愉快且顺利。特别感谢优秀的编辑 Liz Chadwick，感谢她在整个项目期间的陪伴，能够得到她始终如一的支持，我们很幸运！感谢制作编辑 Jennifer Kepler，没有她，本书难以从一堆草稿走向最终出版，对这一艰难的过程——万分感谢！感谢本书的技术评审员汤姆·贝格利，他为本书的编程和 Dash 专业内容提供了很多重要的改进建议。此外，还要感谢 No Starch Press 出版社的创始人 Bill Pollock 对我们的信任，让我们有机会为更多的程序员提供帮助。

最后，非常感谢我们的家人，陪伴我们度过这一路走来的漫漫长夜和周末加班。

让我们心怀感激之情，一起出发！

前言

INTRODUCTION

有人说，拥有信息就拥有权力。还有人说，数据是当今世界的黄金，拥有数据就拥有财富。但是，如果没有具体的应用场景，那么原始信息和原始数据往往毫无价值。唯有正确分析、解释和理解数据，数据才能成为有价值的资产。伴随着数据成为资产，出现了很多新兴热门职业，比如数据科学家、数据工程师、数据分析师、商业智能顾问和机器学习工程师，这些专业人士都做了同样的一件事情：使用图形和仪表板等可视化工具来解释和展示数据。

本书的目标是帮助读者创建漂亮的仪表板应用程序，只需要几行代码便能实现数据可视化。本书不仅适用于专业人士，而且对日常经常使用数据、喜欢探索数字规律、希望数字赋能生活的人群都有所裨益。

为什么要读本书

通过使用 Plotly Dash 框架，程序员可以轻松构建自己的仪表板。仪表板是 Web 应用程序，允许程序员与用户通过交互式组件动态挖掘数据，这些组件可以接收用户的输入，然后进行解释输出。交互式组件可以是滑块、文本框、按钮或下拉菜单，允许用户选择他们想要在结果图表和图形中显示的数据，如图 1 所示，显示的是地图和柱形图。正是这种良好的交互性，使得仪表板应用程序越来越受到大众欢迎。

如果未经培训学习就去构建 Plotly Dash 应用程序，那么绝非易事。本书将提供相关使用说明和简明教程，引导读者从 Dash 初学者开始，快速且自信地成功创建出自己的仪表板应用程序，该程序具有交互性且可视化。

本书还将帮助读者提高现代社会数据编程的必备技能，比如编程、数据分析以及数据可视化和数据展示。在当今信息化社会中，智能家居、工厂、电商平台、社交网络、视频托管服务和健康跟踪设备等都会产生海量数据，人们迫切需要对这些动态和不断增长的数据做出吸引眼球的数据可视化呈现。

随着数据的规模和复杂性激增，人们对仪表板应用程序的需求也在不断增长，这些应用程序可以为用户提供实时的、数据驱动的实事概览。在日常生活中，人们对于基于浏览器的仪表板已经比较熟悉，比如 Google Analytics、Facebook Ad Manager 和 Salesforce Dashboards。图 1 是 Google Analytics 仪表板应用程序的屏幕截图，可以直观地跟踪网站的实时流量。

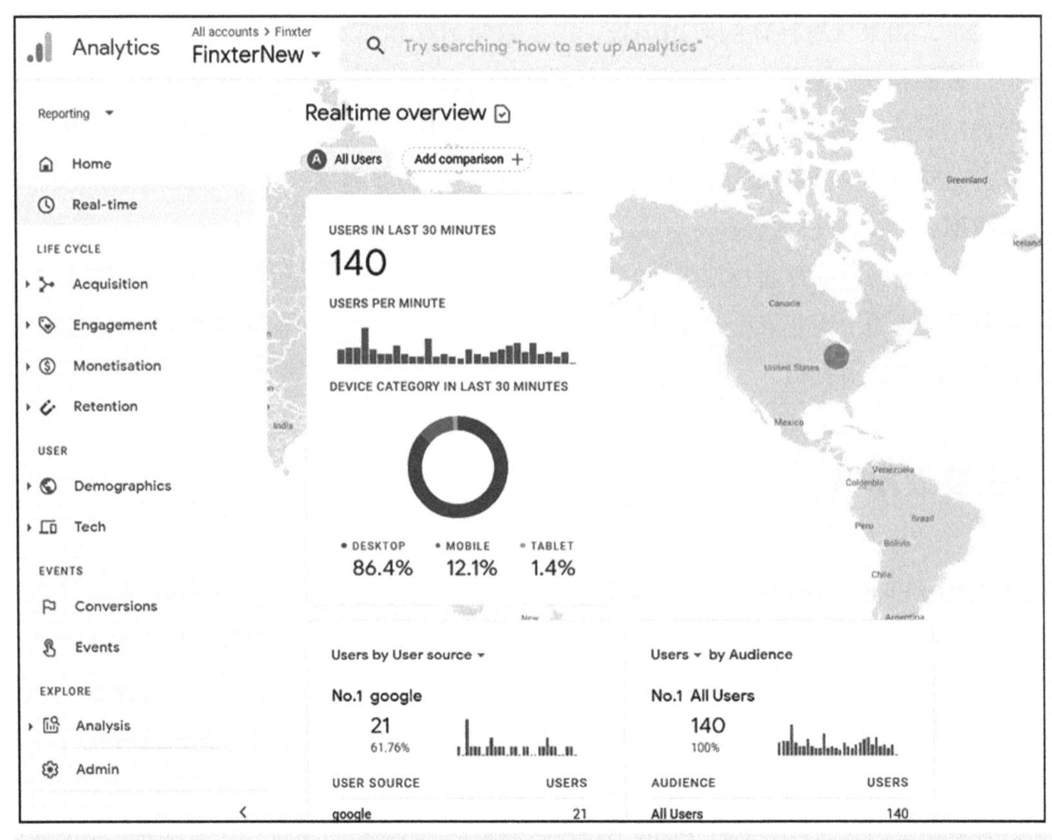

图 1　Google Analytics 仪表板跟踪网站使用情况

要想创建这类应用程序，需要有熟练的编码人员和大型组织，他们能够将实时数据源与动态网站相结合，创建出仪表板应用程序，进而得出具有独特价值主张的结论。

图 2 是本书作者创建的资产配置工具屏幕截图(https://wealthdashboard.app)。

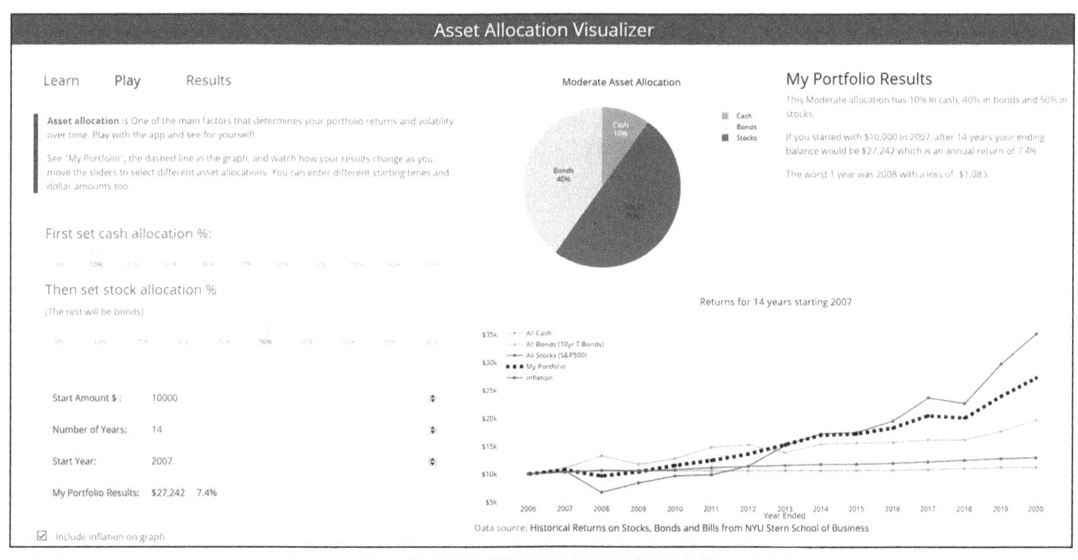

● 图 2 可视化展示资产配置应用程序

上述资产配置工具通过输入用户的财富百分比来配置股票、债券和现金，并使用历史数据可视化展示用户的资产配置回报和风险状况等关键统计数据，从而对投资回报进行建模。本书后续将介绍如何构建这个仪表板。

仪表板应用程序的潜在用途非常广泛。针对每个数据源，都可以创建一个有用的仪表板应用程序。

本书作者致力于编码和调试，并手把手指导读者构建第一个属于自己的 Dash 应用程序。目前，市场上关于 Dash 的书籍并不多见，易于理解且适合 Python 初学者的书籍更是寥寥无几。本书将改变这一现状!

在 Dash Enterprise App Gallery 网站上可以查看 Dash Enterprise 应用程序库中的许多示例(见图 3)。该库中有些应用程序，例如 AI 语音识别应用程序，代码长度不超过 100 行!

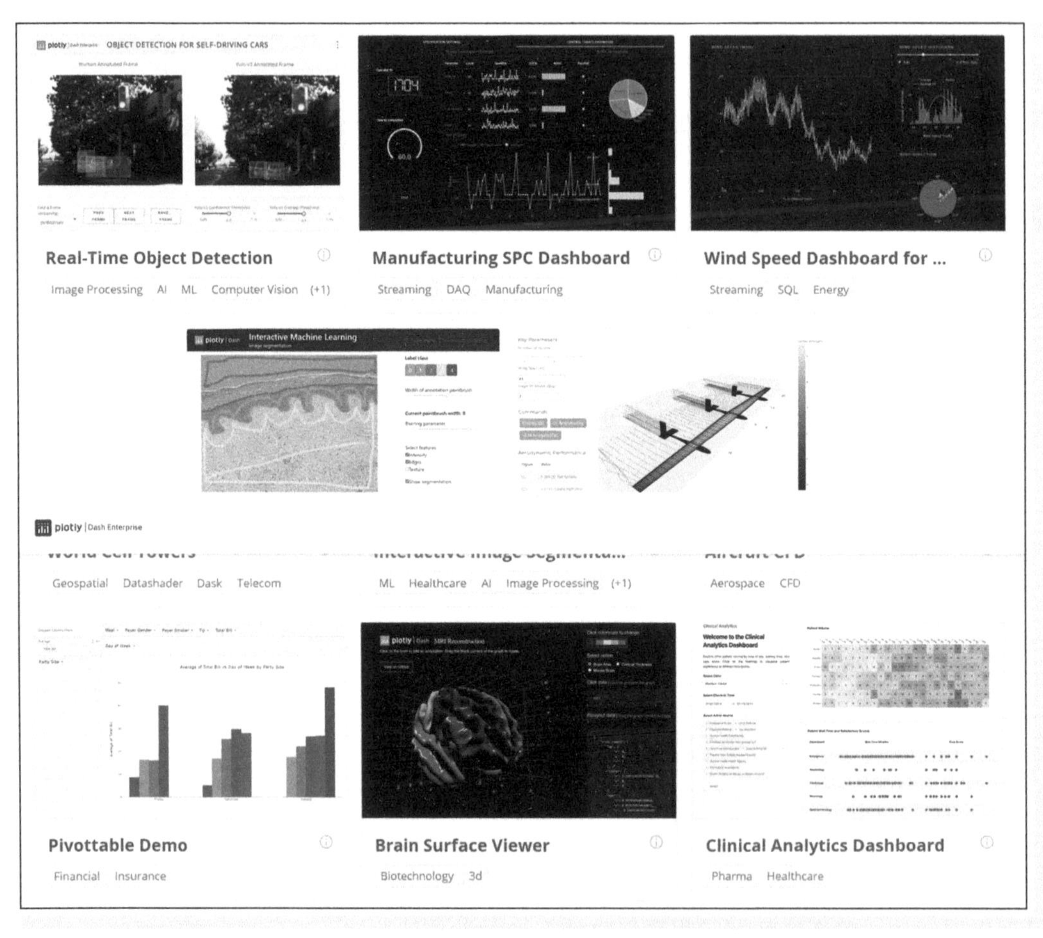

● 图 3　Dash 官方应用程序库，包括许多仪表板应用程序

为什么要用 Plotly Dash

既然仪表板应用程序如此出色，下面就来探讨为什么要用 Plotly Dash 来构建仪表板应用程序。固然有许多其他框架也可以用于创建仪表板，诸如 Streamlit、Shiny、Jupyter、Tableau、Infogram等，但是，以下考虑却让 Dash 更胜一筹。

- Dash 应用程序可以单纯使用 Python 编写。这意味着只要熟悉 Python，就能够快速上手。这也意味着可以将现有 Python 的数据和结果轻松地集成到 Dash 应用程序中。

- Python 非常有表现力，因此 Dash 代码可以相对紧凑。这意味着能够更加迅速地制作原型和迭代，对于开发时间紧张或者需求经常变化的场景意义重大。
- Dash 巧妙地隐藏了开发中的一些复杂元素，比如 JavaScript 前端和 Python 后端通信。因此，无须考虑许多复杂环节，比如序列化、反序列化、定义 API 端点、发出 HTTP 请求。这样可以显著减少样板代码。
- Dash 是由 Plotly 团队负责开发的。这就意味着 Dash 与 Plotly 图形库可以完美集成。由于这些交互式图表本身就是基于网络技术的，因此 Plotly 和 Dash 是制作网络应用程序的绝佳选择。
- Dash 是基于 Flask 框架开发的，因此提供了从完全托管到自托管的一系列部署选项。
- 尽管 Dash 只能与 Python 一起使用，但具有很强的可扩展性，允许混合使用 CSS 和 JavaScript，还可以使用 React 和 Dash 组件生成器来编写用户自己的组件。

尽管 Dash 具有以上诸多优点，但没有软件可以做到完美。为了帮助读者选择最适合自己的 Web 可视化框架，以下列举 Dash 的局限性：

- Dash 具有良好的性能，但如果组件过多、负责应用程序过多或数据集过于庞大，就可能会导致应用程序运行速度变慢。
- 与其他一些无代码或低代码的方案相比，Dash 的启动和运行稍显复杂，并且与其他企业软件的集成也不像其他某些框架那样紧密，例如，PowerBI 与微软企业软件的集成度就非常高。
- 虽然 Dash 是用纯 Python 编写的，但开发者同时还需要了解 HTML 和 CSS 的基础知识。

本书的读者对象

原书作者编写本书时，充分考虑到了 Dash 初学者。针对很多缺乏编程经验的读者，本书从介绍基础知识入手，例如怎样安装 Dash 和相关库，如何设置编程环境，以及如何使用 pandas 之类的库。当然，本书并非 Python 完整课程，不可能面面俱到。比如，在第 1 章中仅仅介绍一些对构建 Dash 应用程序至关重要的 Python 基础知识，并指导读者获取在线资源，以便进行深入挖掘。当然，若读者已经具备一些 Python 背景知识，就可以更加充分地利用本书。

针对已经有一些 Python 编程经验的读者，如果还没有设置编程环境的经验，请从第 2 章开始阅读。

如果您已经了解 Python 并且能够设置编程环境(最好是 PyCharm)，则可以直接跳到第 3 章，该章会介绍最重要的 pandas 库。

如果您对上述内容都了然于心，那就果断跳过所有介绍性章节(第 1~3 章)，直接从第 4 章开始阅读，我们将向您展示如何创建属于自己的第一个 Dash 应用程序。

本书的章节简介

本书分为两部分：第一部分介绍如何安装和设置编程环境，为构建 Dash 应用程序做准备；第二部分介绍如何构建 4 个越来越复杂的应用程序，并帮助读者掌握一些编程技巧。

第一部分：速成培训。

第 1 章，Python 回顾。重温构建数据类应用程序最重要的 Python 基础知识，包括数据类型和结构、函数、面向对象编程。

第 2 章，PyCharm 培训。指导读者安装 PyCharm 编码环境和库、创建项目，以及运行 Dash 应用程序。

第 3 章，pandas 速成。为读者提供可视化概览，并简要介绍用于处理表格数据的 pandas 库。

第二部分：构建应用程序。

第 4 章，构建首个 Dash 应用程序。向读者展示如何使用基于社交媒体收集的数据创建自己的第一个 Dash 应用程序。本章主要介绍如何构建 Dash 中的基本组件，包括布局和样式、Dash 组件、回调以及用于可视化的 Plotly Express。

第 5 章，全球数据分析：布局和图形进阶。使用世界银行全球数据集，介绍 Dash 中的更多组件和样式特征。本章致力于帮助读者拓展和提高 Dash 技能：学习如何与 API 交互，以便实时检索数据，并学习使用 dash-bootstrap-components 来创建更复杂的布局。

第 6 章，创建投资组合应用程序。通过财富仪表板应用程序，更深入地探讨高级 Dash 组件。读者将学习如何构建和调试更大的 Dash 应用程序，使用更复杂的 Dash 和 Bootstrap 组件，以及使用较低级别的 Plotly Graph Objects 库构建图形。

第 7 章，探索机器学习。介绍一个可视化机器学习模型应用程序，帮助读者了解有关支持向量机的背景知识。本章展现了 Dash 的另一用途，即可以对算法原理进行可视化探索。读者将深入了解 Dash 的两个常用数字库：NumPy 和 scikit-learn，了解等高线图以及 Dash 回调的一些复杂用途。

第 8 章，提示和技巧。本章是对全书的总结，并为读者进一步学习提供了参考资料，包括如何调试、如何自动格式化，以及如何利用 Dash 开发者社区探索更多应用程序。

在线资源

- 本书附赠内容：https://learnplotlydash.com。
- 本书作者亚当的 YouTube 频道：https://www.youtube.com/c/CharmingData。
- GitHub 代码库：https://github.com/DashBookProject/Plotly-Dash。
- 发布者更新：https://nostarch.com/python-dash。
- Python 电子邮件免费资料：https://blog.finxter.com/email-academy。

目录 CONTENTS

第一部分　速成培训

第二部分 构建应用程序

第 7 章
CHAPTER 7

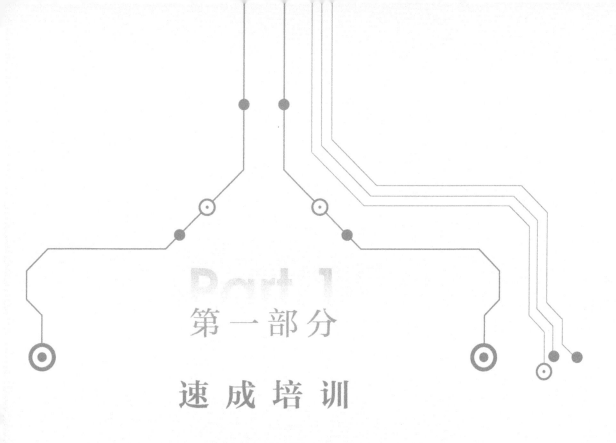

Part 1 第一部分

速成培训

Dash是由Python开发而成的，因此希望读者首先对Python基本概念和语法有充分的理解。在本部分，将首先重温相关的Python、PyCharm和pandas知识，以便读者后续能够更好地利用本书。如果读者在阅读代码过程中遇到困难，可以参考本书附录，相信它能够帮助读者提高Python技能。如果读者需更全面地学习Python知识，请访问https://blog.finxter.com/email-academy，可以获得由Finxter电子邮件服务提供的Python课程资料。

如果读者对Python和pandas有足够的信心，并且有熟悉的集成开发环境（IDE）可以使用，请随时跳过本部分，直接从第4章开始阅读。如果读者愿意和我们一起快速重温Python和pandas技能，并愿意设置与本书相同的集成开发环境，请继续读下去！

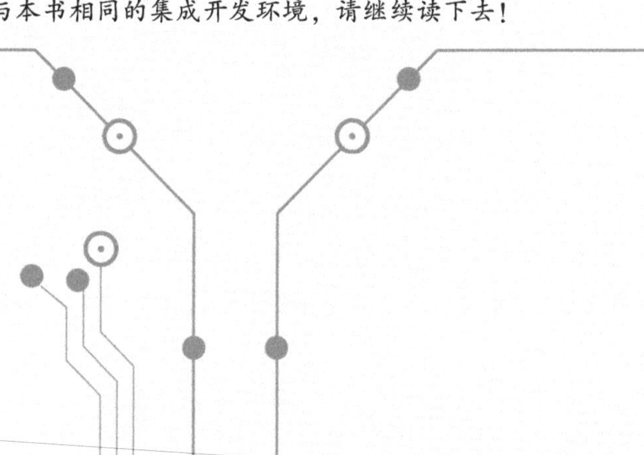

Python 回顾

构建 Dash 应用程序至少需要了解一些 Python 知识，当然并不需要达到专家水平，因此本章将和读者一起回顾一些与 Dash 非常相关的 Python 重要概念，包括列表、字典、面向对象编程，以及装饰器函数。如果读者对这部分内容已经相当自信，请跳过本章，直接从第 2 章开始学习。第 2 章主要介绍 PyCharm，它是本书所使用的 Python 集成开发环境。

1.1 列表

首先复习 Python 列表。列表可谓 Dash 应用程序中最重要的容器型数据类型。列表的重要性体现在它可用于定义布局，可用于合并各种 Dash Bootstrap 主题，这些主题通常出现在回调和 Plotly 构建的图形当中。

列表可以装入任何一组有序元素，并且列表是可变的数据类型，这意味着开发者可以在创建某一个列表之后，后续还可以对其进行修改。下面将创建一个名为 lst 的列表，并打印该列表的长度。

```
lst = [1, 2, 2]
print(len(lst))
```

输出结果如下：

```
3
```

创建列表使用方括号，方括号内用逗号分隔各个元素。列表可以装入任意 Python 对象，可以有重复值，甚至可以装入其他列表，因此列表是 Python 中最具有灵活性的容器类型之一。在上述列表中，列表 lst 填充了 3 个整数元素，len( ) 函数可以返回列表中元素的数量：3。

1.1.1 添加元素

向已存在的列表中添加元素，通常有 3 种方法：追加、插入和连接。

方法一：追加，append( )，将元素添加至列表的末尾。如下所示：

```
lst = [1, 2, 2]
lst.append(4)
print(lst)
```

输出结果如下：

```
[1, 2, 2, 4]
```

方法二：插入，insert( )，用于在指定位置插入元素，并将后续所有元素依次向后移动。如下所示：

```
lst = [1, 2, 4]
lst. insert(2,2)
print(lst)
```

输出结果同上：

```
[1, 2, 2, 4]
```

方法三：连接，使用加号（ + ）运算符可以完成两个列表的拼接。如下所示：

```
print([1, 2, 2] + [4])
```

输出结果依然是：

```
[1, 2, 2, 4]
```

在连接方法中，使用加号运算符将两个现有列表接合在一起，创建了一个新列表。

以上 3 种方法都能够生成相同的列表 [1, 2, 2, 4]。其中，追加法最为快速，因为它不必像插入法那样遍历列表后才能在正确的位置插入元素，也不必像连接法那样通过拼接两个子列表来创建一个新列表。

另外，如果需要将多个元素添加到某一列表中，那么可以使用 extend( )方法，如下所示：

```
lst = [1, 2]
lst.extend([2, 4])
print(lst)
```

列表 lst 运行结果为：

```
[1, 2, 2, 4]
```

上述代码展示了列表的一个特性：列表中允许存在重复元素。

1.1.2 删除元素

lst.remove(x)方法的功能是从列表中删除元素 x，如下所示：

```
lst = [1, 2, 2, 4]
lst.remove(1)
print(lst)
```

列表 lst 运行结果为：

```
[2, 2, 4]
```

以上方法是对列表对象本身进行操作，不是创建一个新的列表，而是对原始列表进行变更。

1.1.3 列表反转

lst.reverse()方法的功能是可以颠倒列表元素的顺序：

```
lst = [1, 2, 2, 4]
lst. reverse()
print(lst)
```

列表 lst 运行结果为：

```
[4, 2, 2, 1]
```

反转列表也是对原始列表对象进行修改，而不是创建一个新的列表。

1.1.4 列表排序

lst.sort()方法的功能是对列表元素进行排序：

```
lst = [2, 1, 4, 2]
lst.sort ()
print(lst)
```

排序后，列表 lst 运行结果为：

```
[1, 2, 2, 4]
```

同样，对列表进行排序会修改原始列表对象。排序后，列表默认按升序排序。若想按照降序排序，请指定 reverse=True，如下所示：

```
lst = [2, 1, 4, 2]
lst.sort(reverse=True)
print(lst)
```

可以看到，排序后的列表是按照相反的顺序排列的：

```
[4, 2, 2, 1]
```

用户还可以指定一个 key 函数，并将其作为参数传递给 sort( )方法，这样就可以进行自定义排序了。key 函数简单地将一个列表元素转换为可排序的元素，比如，通过使用 Dash 组件的字符串标识符作为 key，将原本不可排序的对象（如 Dash 组件）转换为可排序的类型。通常，这些 key 函数允许用户对自定义对象的列表进行排序，比如，按照年龄对员工对象列表进行排序。以下示例对列表进行排序，是将元素负值作为 key 进行排序：

```
lst = [2, 1, 4, 2]
lst.sort(key=lambda x: -x)
print(lst)
```

可以得到：

```
[4, 2, 2, 1]
```

在以上列表中，元素 4 的 key 是其负值-4，是所有列表元素中的最小值。由于列表是按照升序进行排序的，因此元素 4 成为排序后列表的第一个值。

1.1.5 索引列表元素

使用 list.index(x)方法，可以确定列表中元素 x 的索引，如下所示：

```
print([2, 2, 4].index(2))
print([2, 2, 4].index(2,1))
```

使用以上 index(x)方法，可以查找到元素 x 在列表中第一个匹配项的索引位置。

用户可以传递第二个参数来指定起始索引。在以上示例中，第一行输出“2”首次出现的索引，结果为 0。第二行同样要输出“2”首次出现的索引，但需要从索引 1 开始搜索。因此，在这两种情况下，该方法都会立即找到“2”，显示其索引，输出结果如下：

```
0
1
```

索引基础知识回顾

以字符串“universe”为例，索引就是此字符串中某个字符的位置，从 0 开始，一一对应，如下所示：

索引　0 1 2 3 4 5 6 7
字符　u n i v e r s e
第 1 个字符 u 的索引为 0，第 2 个字符 n 的索引为 1，以此类推，第 i 个字符的索引为 $i-1$。

1.2 切片

切片是从给定字符串中截取出子字符串的过程，该子字符串称为切片（slice）。表达式如下：

```
string[start:stop:step]
```

start 参数是用户截取的切片的开始索引，该索引代表的字符将包含在切片中。stop 参数是用户截取的切片末位字符索引，该索引代表的字符不包含在切片中。切勿忘记 stop 索引是不包含在切片中的。如果需要间断取数，则需要设定步长 step，步长告诉 Python 切片要包含哪些元素。步长为 2，表示每间隔两位取一个元素，步长为 3，表示每间隔 3 位取一个元素。

综上，切片的行为可概括为：从 start 索引对应的位置出发，以 step 为步长索引字符串，直至越过 stop 对应的位置为止，且切片不包括 stop 索引（取头不取尾）。以下示例中步长为 2：

```
s = '----p-y-t-h-o-n----'
print(s[4:15:2])
```

运行结果为：

```
Python
```

以上 3 个参数都是可选项，可以省略。若没有指定，则使用默认值：start = 0、stop = len(string)、step = 1。在切片冒号之前，若省略 start 参数，则表示切片从第一个位置开始；若省略 stop 参数，则表示在最后一个元素处结束切片。若省略 step 参数，则默认步长为 1。以下示例中就省略了 step 参数：

```
x = 'universe'
print(x[2:4])
```

运行结果为：

```
iv
```

下面的示例中指定了 start 参数，没有指定 stop 参数，step 参数为 2，因此从第三个字符开始，每隔一个字符，取一个字符，直到字符串的末尾为止。

```
x ='universe'
print(x[2::2])
```

运行结果为：

```
ies
```

如果用户不慎将 stop 参数设置为超出序列的最大索引值，那么也不会报错，因为 Python 会推断用户本打算在原始字符串的末尾结束切片。示例如下：

```
word = "galaxy"
print(word[4:50])
```

运行结果为：

```
xy
```

请记住，如果切片超出序列索引，那么是不会报错的。

此外，以上 3 个参数还可以是负整数。若 start 和 stop 参数为负，则 Python 将会从末尾开始计数。例如，string[-3:]将从倒数第三个元素开始切片，而 string[-10:-5]将从倒数第十个元素（包括在内）开始切片并在倒数第五个元素处停止（最后一个元素被排除）。若 step 参数为负，则意味着 Python 会从右到左切片。例如，string[::-1]将反转字符串，而 string[::-2]将从最后一个字符开始，每隔一个字符向左切片。

1.3 字典

字典是一种非常有用的数据类型，用于存储键值对(key:value)。Python 语言中使用大括号来定义字典，如下所示：

```
calories = {'apple': 52,'banana': 89,'choco': 546}
```

在大括号中，键的位置在前，之后是冒号，再之后是值。各个键值对之间要用逗号进行分隔。在以上示例中，'apple'是第一个键，52 是它的值。若用户想要访问某个字典元素，则可以首先指定字典，然后指定括号中的键。在下面的示例中，将对一个苹果的热量（calorie）与一块巧克力的热量进行比较：

```
print(calories['apple'] < calories['choco'])
```

运行结果为：

```
True
```

字典是一种可变数据类型，因此用户可以在创建之后对其进行更改，比如添加、删除或更新现有的键值对。下面将在字典中添加一个新的键值对，用于存储一杯卡布奇诺的热量信息，然后对卡布奇诺的热量与香蕉的热量进行比较：

```
calories['cappu'] = 74
print(calories['banana'] < calories['cappu']
```

运行结果为：

```
False
```

用户可以使用 keys( ) 和 values( ) 方法来访问字典的所有键与值。下面首先判断字符串'apple'是否是字典中的一个键，然后判断整数 52 是否是字典中的一个值：

```
print('apple' in calories.keys())
print(52 in calories.values())
```

运行结果为：

```
True
True
```

要访问字典中的所有键值对，可以使用 dictionary.items( ) 方法。在下面的 for 循环中，将遍历 calories 字典中的每个键值对(key,value)，并检查每个热量值是否会超过 500，如果出现这种情况，就输出对应的键：

```
for key, value in calories.items():
if value > 500:
print(key)
```

运行后将得到唯一的结果：

```
'choco'
```

以上采用了一种简单的方式来遍历字典中所有的键和值，而无须单独对其分别访问。

1.4 列表解析式

列表解析式是一种非常简洁、高效的创建列表的方式，它仅仅使用一行表达式［expression + context］就可以利用已有列表创建新的列表。context 用于指明将哪些元素添加到新列表中。expression定义了在添加这些新元素之前如何处理这些新元素。例如以下列表解析式语句：

```
[x for x in range(3)]
```

上面的列表解析式语句创建了一个新列表［0,1,2］。在以上示例中，context 是 for x in range(3)，因此循环变量 x 取 3 个值 0、1 和 2；expression 是最为基本的 x，只是将当前循环变量添加到列表，没有做任何修改。当然，列表解析式能够处理更加高级的 expression。

仪表板应用程序常常会用到列表解析式。比如，为下拉菜单创建多个选项。下面将创建一个“星期”字符串列表，然后根据“星期”列表，利用列表解析式来创建一个新的字典列表，并将使用该字典为 Dash 下拉菜单创建标签和选项，如图 1-1 所示。

● 图 1-1 Dash 下拉菜单

```
days = ['Mon','Tue','Wed','Thu','Fri','Sat','Sun']
options = [{'label': day, 'value': day} for day in days]
```

在以上示例中，context 是 for day in days，因此会在'Mon'，…，'Sun'上进行迭代。expression 是一个包含两个键值对的字典：{'label':day，'value'：day}。因此，采用这种非常简洁的方法，创建出了以下字典列表：

```
[ {'label':'Mon','value':'Mon'},
{'label':'Tue','value':'Tue'},
{'label':'Wed','value':'Wed'},
{'label':'Thu','value':'Thu'},
{'label':'Fri','value':'Fri'},
{'label':'Sat','value':'Sat'},
{'label':'Sun','value':'Sun'} ]
```

也可以使用另一种方法来实现上面的操作，就是使用 Python 中的 for 循环语句，如下所示：

```
options = []
for day in days:
        options.append({'label': day,'value': day})
```

在以上字典列表中，label 和 value 都与相应的 day 相关联。下拉菜单将显示菜单项'Mon'，如果用户选择了' Mon '，那么就是将 label 与值 Mon 进行了关联。

context 可以由任意数量的 for 和 if 语句组成，同时，可以在列表解析式中使用 if 语句来过滤结果。比如，以下的下拉列表选项中将只有周一至周五这 5 个工作日：

```
options = [{'label': day, 'value': day} for day in days if day not in ['Sat', 'Sun']]
```

可以看到，使用 if 语句后，结果列表中排除了 Sat 和 Sun，非常简洁、高效。

1.5 面向对象编程

Python 是一门真正意义上面向对象的编程语言。在 Python 中，一切皆对象，甚至整数值也是对象。这一点与其他编程语言不同，比如在 C 语言中，整数、浮点数和布尔值是原始数据类型，并非对象。

1.5.1 类和对象

Python 是一种面向对象的编程语言，其核心是类。类是创建对象的模板。描述一个类就是在告诉用户该对象的外观和作用，外观称为该对象的数据（data），作用称为该对象的功能（functionality）。属性（attributes）是与给定对象相关联的变量，在属性中可以定义数据。方法（methods）是与给定对象相关联的函数，在方法中可以定义功能。

下面以哈利·波特为例来解释以上概念。首先，将创建一个类，名称为 Muggle（麻瓜，即没有魔法才能的人），这个类具有属性但不具有方法。然后使用 Muggle 类创建两个 Muggle 对象：

```
class Muggle:
    def __init__(self, age, name, liking_person):
        self.age = age
        self.name = name
        self.likes = liking_person

Vernon = Muggle(52, "Vernon", None)
Petunia = Muggle(49, "Petunia", Vernon)
```

在以上示例中，首先使用关键字 class 为 Muggle 对象创建了一个模板，该模板规定了每个 Muggle 对象拥有的数据和功能：年龄、名字和他们喜欢的人。

使用方法__init__()对 Muggle 类进行数据初始化，这样，每个 Muggle 对象都会拥有属性 age、name 和 likes。通过将这些属性作为参数传递给 def 语句，它们就成为创建 Muggle 对象所必需的参数。所有类的方法，第一个参数值都是 self，是对对象本身的引用。只要在代码中调用初始化方法，Python 就会创建一个空对象，并可以使用 self 对其进行访问。

注意，在定义方法时，尽管第一个参数是 self，但是在调用这个方法时，不需要为这个参数赋值，因为 Python 内部会提供这个值。

当使用类名称来创建对象时，首先自动调用初始化方法__init__()，可以通过使用类的名称作为函数调用来实例化一个新对象。在以上示例中，调用 Muggle(52,"Vernon",None)和 Muggle(49,"Petunia",Vernon)创建了两个新的 Muggle 类对象，具有 3 个属性，如下所示：

```
Muggle
    age = 52
    name = "Vernon"
    likes = None

Muggle
    age = 49
    name = "Petunia"
    likes = "Vernon"
```

显而易见，这些 Muggle 对象遵循相同的 Muggle 模板，但又是各不相同的 Muggle 个体。它们既具有彼此相同的 Muggle 类特征，又具有各自独特的 Muggle 个体基因。

创建好之后，这些 Muggle 对象将一直存在于计算机内存中，直到关闭 Python 程序为止。

从以上两个 Muggle 的属性中，大家能否看出故事的悲剧情节呢？佩妮（Petunia）喜欢弗农(Vernon)，但弗农并不喜欢佩妮。如果将 Vernon 的 likes 属性更改为 Petunia，让他们彼此喜欢，是不是就不那么悲情了？可以使用“对象的名称.属性名称”的方式来访问对象的不同属性，如下所示：

```
Vernon.likes = "Petunia"
print(Vernon.likes)
```

输出得到：

```
Petunia
```

下面将定义一个 Wizard（巫师）类，以便后续创建更多的 Wizard 对象。这次将给这些 Wizard 对象添加一些功能。

```
class Wizard:
    def __init__(self, age, name):
        self.age = age
        self.name = name
        self.mana = 100
```

```
    def love_me(self, victim):
        if self.mana >= 100:
            victim.likes = self.name
            self.mana = self.mana - 100

Wiz = Wizard(42, "Tom")
```

以上每个 Wizard 对象都有 3 个属性：age、name、mana（魔力水平，巫师目前还剩余的魔力值）。其中前两个属性 age 和 name 是用户在创建 Wizard 对象时作为参数设置好的。第三个属性 mana 在__init__()方法中被硬编码为 100，成为一个静态值。如果调用 Wizard(42,"Tom")，就会将self.age设置为 42，将 self.name 设置为"Tom"，将 self.mana 设置为 100。

此外，还添加了方法 love_me()，用于对受害者施放爱情咒语。如果巫师还剩余足够的魔力，就可以通过将受害者的喜欢属性设置为施法者的名字来达到强迫受害者爱巫师的效果。巫师施放爱情咒语的前提条件是巫师的魔力等级大于或等于 100（ self.mana>=100 ）。施放爱情咒语成功时，受害者的喜好属性就会指向巫师的名字，巫师的魔力等级会降低 100。

在以上程序中，创建了一个 42 岁的巫师，名字叫汤姆（Tom）。汤姆很孤独，想要被他人喜欢。那就让佩妮和弗农爱上他吧。下面使用点符号（ . ）访问对象，并传入参数 Petunia 对象和 Vernon 对象：

```
Wiz.love_me(Petunia)
Wiz.love_me(Vernon)

print(Petunia.likes=="Tom" and Vernon.likes=="Tom")
```

赶快去告诉汤姆吧，我们已经成功地创建了佩妮和弗农去爱他！

在面向对象编程中，常见错误之一是在定义方法时忘记包含 self 参数；常见错误之二是使用语法__init__()来定义初始化方法，应该直接使用语法 ClassName()，而不是使用类名称 ClassName 来调用类的创建方法__init__()。正如在以上代码中，并不是调用 Wizard.__init__(20,'Ron')，而是调用 Wizard(20,'Ron')来创建一个新的 Wizard 对象。

以上内容是对 Python 中面向对象编程的简要概述，希望读者能够明白如何在 Python 中构建类和对象。

关于面向对象编程，若读者需要了解更多信息，可以访问在线资源：https://blog.finxter.com/object-oriented-programming-terminology-cheat-sheet。

1.5.2 相关术语

以下是面向对象的 Python 中的一些关键术语。

- 类：创建对象的模板。类定义对象的数据（属性）和功能（方法）。用户可以通过点符号(.)访问属性和方法。
- 对象：通过定义类来构建的具有相关功能的封装数据。对象也称为类的实例。通常，构造对象是为了模拟现实世界中的事物。比如，可以通过定义 Person（人）类来创建 Obama（现实世界中的一个人）对象。每个对象都是由封装在独立单元中的任意数量的属性和方法组成的。
- 实例化：创建类对象的过程。
- 方法：与特定对象关联的函数。在定义类中，使用关键字 def 来定义方法，一个对象可以有任意多个方法。
- 属性：变量，用于保存与类或实例相关联的数据。
- 类属性：在类定义中静态创建好的变量是由该类创建的所有对象都共享的属性，也称为类变量、静态变量和静态属性。
- 动态属性：在程序执行期间，动态定义的对象属性。不可在任何方法中定义动态属性。比如，可以通过调用 o.my_attribute=42 向对象 o 添加一个新的属性 my_attribute。
- 实例属性：保存仅属于单个对象数据的变量。与类属性不同，其他对象不可以共享此变量。在多数情况下，使用 self 变量名创建实例时，会创建实例属性 x，例如 self.x=42。实例属性也称为实例变量。
- 继承：一种编程概念，允许用户重用现有类（父类）的部分或全部数据和功能，通过对其修改来创建新类（子类）。也就是说，子类可以从父类继承属性或方法，使子类具有与父类相同的数据和功能，另外，子类还可以更改父类的行为并添加数据和方法。例如，子类 Dog 可以从父类 Animal 继承属性 number_of_legs。下面是定义继承类 Dog 的一种方式：class Dog(Animal)，子类名称在前，父类名称在后。

以上术语可以帮助读者更好地掌握面向对象的编程，对 Python 编程至关重要。

1.6 装饰器和注解

Dash 在很大程度上依赖于 Python 中的装饰器（decorator）或装饰器函数，它们在不修改代码本身的前提下为现有代码添加功能。比如，用户想要修改或自定义现有函数的输出，就不必劳神去更改现有函数的实际代码，装饰器函数就可以解决问题。如果用户无法访问函数的定义，却还想更改函数的行为，那么装饰器函数简直就是拯救大师！

可以将装饰器函数看作一个包装器，它首先获取原始函数，然后调用该函数，并根据程序员的需求在事后修改其行为。通过这种方式，程序员可以在最初定义函数之后，再动态地更改该函数的行为。

下面介绍一个简单的例子。首先定义一个函数，将一些文本内容以标准形式输出。

```
def print_text():
    print("Hello world!")

print_text()
```

输出结果是：

```
Hello world!
```

以上函数将始终打印相同的内容。假设用户对此输出进行修饰，使其更加有趣，那么，可以定义一个新的 pretty_print( )函数，虽然这个新函数还不是标准的装饰器函数（因为它没有改变另一个函数的行为），但是它确实演示了如何包装另一个函数并修改其行为：

```
def print_text():
  print("Hello world!")

def pretty_print():

  annotate = '+'
  print(annotate * 30)
  print_text()
  print(annotate * 30)

pretty_print()
```

输出结果如下所示：

```
++++++++++++++++++++++++++++++
Hello world!
++++++++++++++++++++++++++++++
```

在以上代码中，外部函数 pretty_print( )调用内部函数 print_text( )，并在内部函数 print_text( )输出前后各使用 30 个加号（ + ）来增添修饰效果。事实上，这里对内部函数的结果进行了包装并为其添加了新的功能。

将以上代码抽象化，推而广之就是装饰器函数，它是修改其他函数功能的函数。比如，用户希望将任意内部函数传递给 pretty_print( )函数，以便可以在任何 Python 函数上都能够使用它。下面就来创建这样的装饰器函数。注意，为了展示其工作原理，这里首先展示详细版创建过程。

稍后再展示 Python 提供的简洁版创建过程。

以下是详细版创建过程：

```
def pretty_print_decorator(f):
    annotate = '+'

    def pretty_print():
        print(annotate * 50)
        f()
        print(annotate * 50)

    return pretty_print

def print_text():
    print("Hello world!")

def print_text_2():
    print("Hello universe!")
```

当我们如下所示使用该函数时：

```
pretty_print_decorator(print_text)()
pretty_print_decorator(print_text_2)()
```

就会得到以下输出：

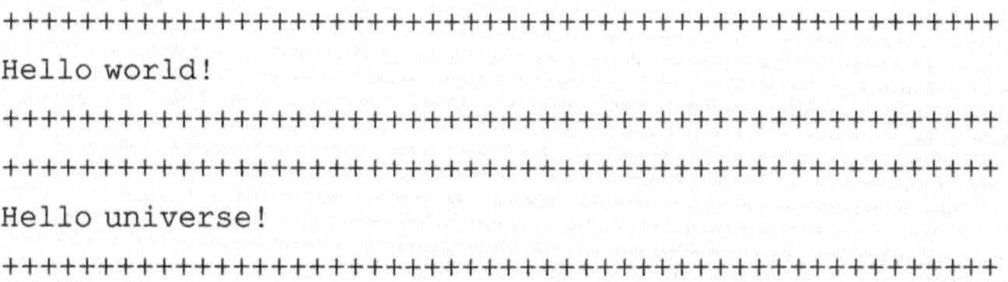

```
++++++++++++++++++++++++++++++++++++++++++++++++++
Hello world!
++++++++++++++++++++++++++++++++++++++++++++++++++
++++++++++++++++++++++++++++++++++++++++++++++++++
Hello universe!
++++++++++++++++++++++++++++++++++++++++++++++++++
```

由以上代码可见，装饰器函数将一个函数作为输入，并返回另一个函数，该函数通过“+”号包装其输出来修改原来函数的功能。推而广之，用户可以将任何打印输出的函数作为输入，并创建一个类似的新函数，这个新函数可以在输出外围包装一系列“+”符号。

以上只是简单的装饰器函数示例，接受了函数对象并对输出做出一些修改。其实，装饰器函数还可以做很多复杂的事情，比如分析输出、应用一些额外的逻辑、过滤掉一些不需要的消息。

像以上这样构建装饰器函数，过于复杂且不可行。其实，Python 提供了一种更加简洁、高效的方法，可以用更少的代码来完成同样的工作。用户只需要在被装饰的函数前面添加一行代码。该行代码中使用符号@，其后紧跟着用户先前已经定义过的装饰器函数的名称。在以下示例中，我们首先定义了 pretty_print_decorator(f) 函数，然后在定义两个打印函数时应用该函数。

```
def pretty_print_decorator(f):
    annotate = '+'

    def pretty_print():
        print(annotate * 50)
        f()
        print(annotate * 50)

        return pretty_print

@pretty_print_decorator
def print_text():
    print("Hello world!")

@pretty_print_decorator
def print_text_2():
    print("Hello universe!")
```

下面调用这两个已经定义好的函数：

```
print_text()
print_text_2()
```

可以得到以下输出：

```
++++++++++++++++++++++++++++++++++++++++++++++++++
Hello world!
++++++++++++++++++++++++++++++++++++++++++++++++++
++++++++++++++++++++++++++++++++++++++++++++++++++
Hello universe!
++++++++++++++++++++++++++++++++++++++++++++++++++
```

从以上示例可以看出，这两种方法的输出完全一样。但是在第二种方法中，并没有显式调用装饰器函数 pretty_print_factory() （比如在 pretty_print_decorator(print_text) 中装饰现有函数 print_text()），而是直接使用带有@ 前缀的装饰器函数来修改 print_text() 的行为。每次调用被装饰函数，它都会自动通过装饰器函数传递。这样，我们可以堆叠任意复杂的函数层次结构，每个层次结构都通过装饰另一个函数的输出来增加一层新的复杂性。

装饰器函数是 Dash 框架的核心。您可以通过将 Dash 已经定义的装饰器函数应用于带有@ 注解的任何函数，Dash 为用户提供了可以访问的高级功能。Dash 将这种装饰器函数称为回调装饰器。在本书后续的仪表板应用程序中，会出现大量回调装饰器示例。

1.7 小结

本章对 Python 当中与创建应用程序有关的概念进行了简要回顾。如果您感觉很难理解，那么建议在开始构建 Dash 应用程序之前，先行查看本书附录部分：Python 基础知识。

对于普通读者，强烈建议在开始创建仪表板应用程序之前，先深入学习本书使用的 PyCharm 框架。如果读者已经是 PyCharm 专家或者选用不同的编程环境，请跳过第 2 章，直接阅读第 3 章内容。

PyCharm 培训

本章将介绍 PyCharm IDE。IDE（Integrated Development Environment，集成开发环境）是一种文本编辑器，提供各种工具来帮助用户编写代码，并可以显著提高编程效率。现代 IDE 通常具有以下功能：代码高亮显示、动态工具提示、自动完成、语法检查、检查样式问题的代码 linter、保护编辑历史的版本控制、调试、视觉辅助、性能优化工具、评测器等。

PyCharm 是一个专门用于 Python 的集成开发环境，也是目前最流行的集成开发环境之一，适用于所有操作系统。它简化了高级应用程序的开发流程，并且提供大量在线教程和文档。PyCharm 与 Dash 应用程序集成度高，用户可以使用 PyCharm 运行和调试 Dash 应用程序，快速且轻松地安装自己需要的库，并进行语法检查和样式检查。

2.1 安装 PyCharm

首先，下载最新版本的 PyCharm。以下示例适用于 Windows 操作系统，在 macOS 上的步骤也大致相同。如果用户使用的是 Linux，那么可以在本书在线 PyCharm 教程中查看解压缩和安装 IDE 的说明，网址为 https://blog.finxter.com/pycharm-a-simple-illustrated-guide。

在不同的操作系统中使用 PyCharm 并没有太大差异。访问 https://www.jetbrains.com/pycharm/download，可以看到与图 2-1 类似的界面。

单击图 2-1 中 Community（社区）下方的 Download（下载）按钮，可以获得 PyCharm 免费社区版本。下载完成后，运行可执行安装程序，并按照安装步骤进行操作，安装过程中最好接受安装程序所建议的所有默认设置，不需要改变。

● 图 2-1　PyCharm 下载页面

2.2 创建项目

在系统中找到 PyCharm 并运行它。选择 New Project，用户应该会看到类似图 2-2 的窗口。在此用户界面中有几个选项需要注意：项目名称，在 Location 字段中，用户可以输入带有路径的项目名称；虚拟环境；Python 解释器；用于创建 main.py 脚本的"Create a main.py welcome script"

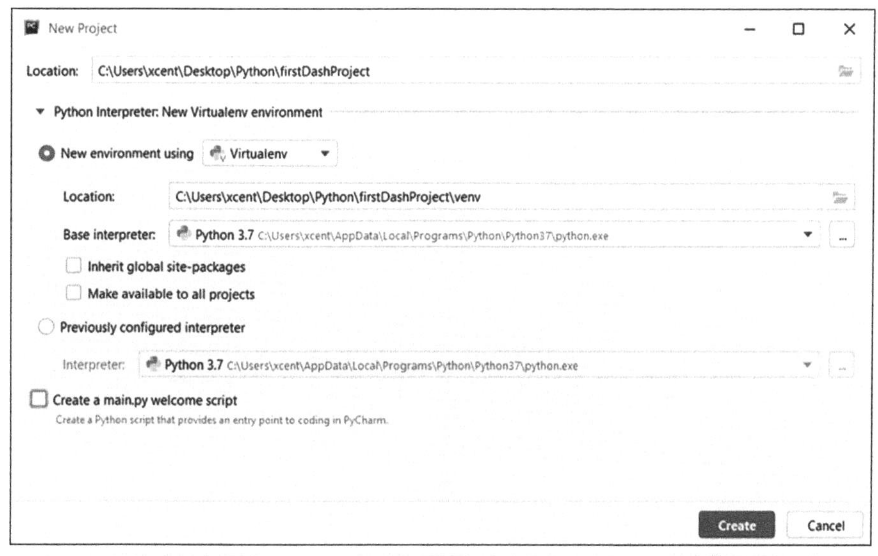

● 图 2-2　设置 PyCharm 项目

复选框。

在以上示例中，项目名称为 firstDashProject，当然，用户还可以使用自己喜欢的项目名称。一般会选取一个简短的、全部为小写字母的项目名称。为了醒目，本示例的项目名称比较长，若想要给项目更改名称，则只需要修改 Location 字段中最后一个反斜杠（\）后面的文本。

虚拟环境字段和解释器字段这两个选项是由 PyCharm 检测用户系统后自动填充的。在图 2-2 中，自动填充了“Python 3.7”。因此，我们将使用标准 Python 安装附带的虚拟环境“Virtualenv”。使用虚拟环境，意味着用户安装的所有程序包，在默认情况下，将只安装在项目环境中，而不是用户的机器上，这样就可以将与项目相关的所有内容都集中安放在一起。采用以上虚拟环境创建项目有一个明显的优势：用户可以为不同的项目安装各自的虚拟环境，而不会扰乱用户的操作系统。比如，一个项目本来使用旧版本的 Dash，而用户现在需要为另一个项目使用更新版本的 Dash，如果全局安装 Dash，就会出问题。但是，如果用户在两个不同的虚拟环境中各自安装不同的 Dash 版本，就可以避免以上 Dash 新旧版本的冲突。

在图 2-2 中，对于最后一个复选框“Create a main.py welcome script”，请不要勾选，这样就不会创建 main.py 欢迎脚本。许多 Python 程序使用 main.py 作为程序的主要入口点。为了执行该项目，这些 Python 程序会执行文件 main.py，进而启动该程序提供的其他所有功能。然而，对于 Dash 应用程序，不管用户使用什么文件名，代码的主要入口点都是 app.py 文件。因此，建议在所有 Dash 项目中都不要勾选“Create a main.py welcome script”复选框。

其他选项不必改动。

单击 Create 按钮，就可以看到您亲手创建的第一个 PyCharm 仪表板项目，如图 2-3 所示。

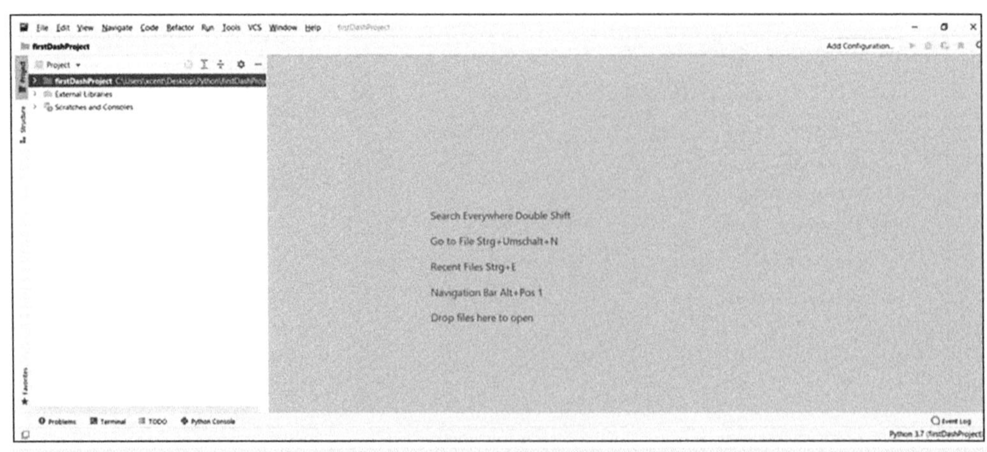

图 2-3　您的第一个 PyCharm 仪表板项目

在详细介绍创建细节之前，先来展示一下 PyCharm 界面，如图 2-4 所示。

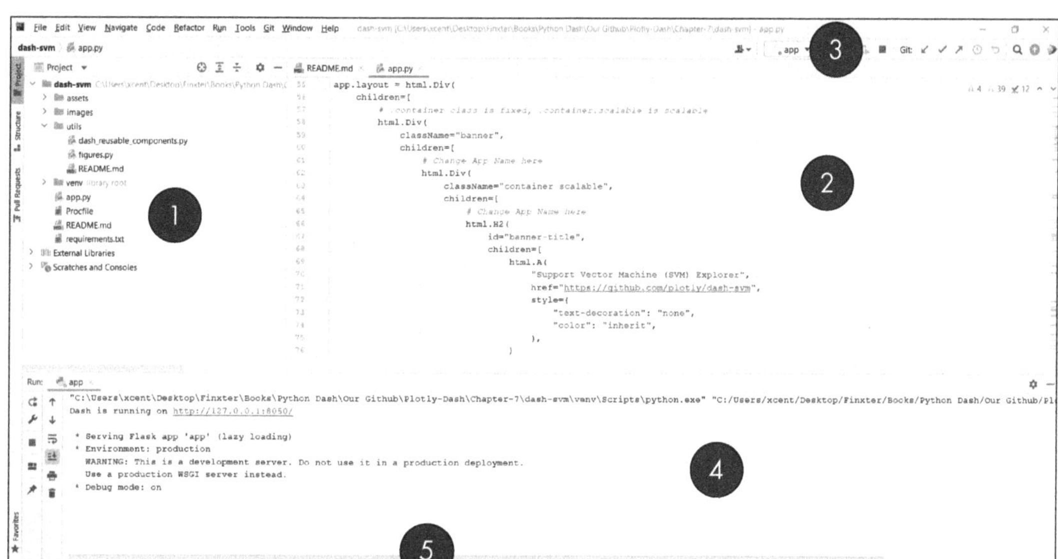

● 图 2-4 PyCharm 界面展示

在图 2-4 中，显示了 PyCharm 界面中非常重要的元素，每个数字对应一个区域。

❶：项目工具窗口，为用户展示项目文件夹结构概览。对于比较大的项目，确保所有代码和文件协同工作至关重要，确实需要提供这样全面清晰的文件宏观结构概览。

❷：编辑器窗口，允许用户从项目中选择多个代码文件，并打开、编写和编辑。用户可以在项目工具窗口中浏览项目，并双击代码文件，该代码文件将在编辑器窗口中打开，用户可在编辑器窗口中进行代码的编写和编辑。

❸：导航栏，为用户提供命令按钮和快捷方式，以便快速执行重要的功能，比如启动和停止应用程序、选择要执行的主要模块、搜索文件、调试应用程序等。

❹：运行工具窗口，允许用户观察应用程序的输出和执行状态。在图 2-4 中，刚刚启动了我们的第一个仪表板应用程序，因此运行窗口显示了 URL，可以单击或在浏览器中输入该地址，查看这个仪表板应用程序。如果用户在代码中使用了 print( ) 语句，则输出的内容就会出现在这里。

❺：运行工具窗口的各个选项卡，可供用户自主切换。比如，用户可以打开 Python shell，也可以在 Windows 中打开命令行，还可以在 macOS 中打开 Terminal，这样就可以从用户自己的操作系统中访问应用程序功能，并调试应用程序。

以上介绍了 PyCharm 界面的 5 个重要的窗口，对于其他许多非重要窗口，留给读者后续自行探索。

2.3 运行 Dash 应用程序

下面将展示 Dash 官方文档中的仪表板应用程序示例。以下代码可以创建简单的条形图仪表板应用程序，如图 2-5 所示，还可以在用户的本地计算机上启动服务器，以便用户在浏览器中查看该仪表板应用程序。

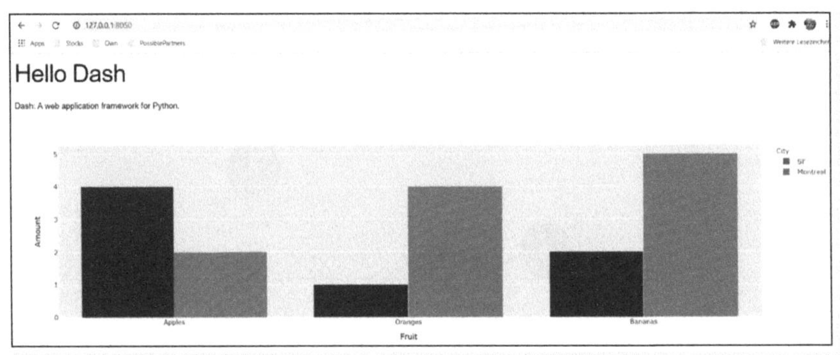

图 2-5　Dash 应用程序示例

在 PyCharm 的左侧菜单面板中，右键单击 Project，然后依次选择 New→File，新建一个文件。将自己的文件命名为 app.py，然后从 https://dash.plotly.com/layout 中复制代码，如代码清单 2-1 所示。

代码清单 2-1：Dash 文档中的示例应用程序

```
# 使用"python app.py"运行这个应用程序
# 在您的网络浏览器中访问 http://127.0.0.1:8050/

from Dash import Dash, html, dcc
import plotly.express as px
import pandas as pd

app = Dash(__name__, external_stylesheets=external_stylesheets)

# 呈现长方形数据框
# 有关更多选项，请参阅 https://plotly.com/python/px-arguments/

df = pd.DataFrame({
    "Fruit": ["Apples", "Oranges", "Bananas", "Apples", "Oranges", "Bananas"],"Amount":
[4, 1, 2, 2, 4, 5],
```

```
    "City": ["SF", "SF", "SF", "Montreal", "Montreal", "Montreal"]
})

fig = px.bar(df, x="Fruit", y="Amount", color="City", barmode="group")

app.layout = html.Div(children=[
    html.H1(children='Hello Dash'),

    html.Div(children=''' Dash: A web application framework for your data. '''),

    dcc.Graph(
        id='example-graph',
        figure=fig
    )
])

if __name__ == '__main__':
    app.run_server(debug=True)
```

目前阶段，读者无须理解以上代码，本书在此也不做详细讲解。在后续阶段，将以上代码导入相应的库，就可以构建应用程序并对其设置样式、创建数据，将其可视化为条形图，还可以设置整体布局，如带有标题等。最后两行代码用于启动服务器，以便用户可以在浏览器中进行查看（见图 2-6）。进一步学习后续章节，就会发现以上功能都很容易实现。

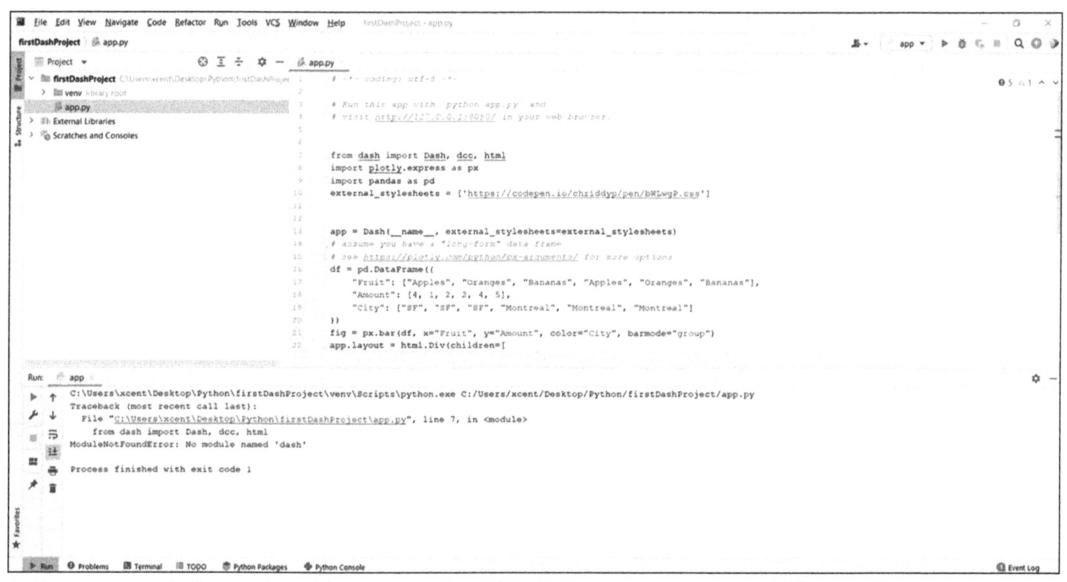

● 图 2-6 PyCharm 中提示 Dash 错误

下面运行该项目。首先在顶部菜单中选择 Run → app.py，也可以单击导航栏中的绿色运行按钮。这时会遇到一个小问题：运行该程序会在底部的运行工具窗口中提示错误，如图 2-6 所示。这个应用程序还不能运行，因为正在导入 Dash，但 PyCharm 无法识别 Dash！究其原因，Dash 并不在 Python 的标准库当中，因此用户需要手动安装之后才能使用。

读者可能会纳闷，为什么不早点儿安装 Dash。稍后您会看到，因为每个项目都隔离在自己的虚拟环境中。

2.4 在 PyCharm 上安装 Dash

可以采用两种方法来安装 Dash：第一种方法是在用户的计算机上进行全局安装，安装成功之后，每个项目都可以导入 Dash；第二种方法是用户在虚拟环境中进行局部安装，安装成功之后，只有这个项目才能导入 Dash，对于其他虚拟环境中的其他项目，都需要重新安装。本书推荐第二种方法，即在虚拟环境中进行局部安装。

注意：**PyCharm 在不同系统上的运行可能略有不同，如果用户在安装过程中遇到困难，则可以在线查看完整版安装指南，网址 https://blog.finxter.com/how-to-install-a-library-on-pycharm。**

PyCharm 允许用户直接通过应用程序代码安装 Dash。单击带红色下画线的 dash 库导入行，并将光标悬停在那里，就会出现带有红色小灯泡菜单项的菜单。选择 Install package dash 选项，如图 2-7 所示。

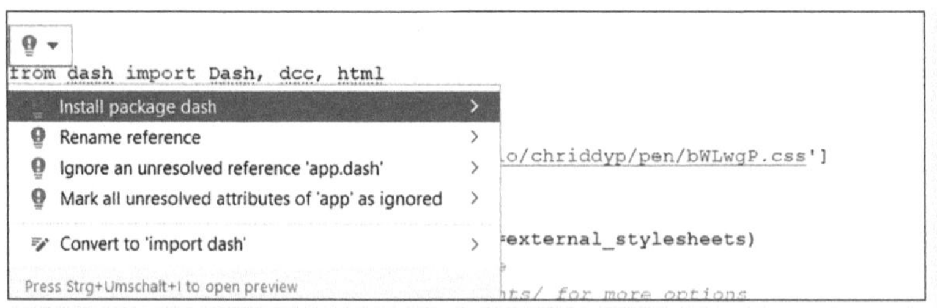

图 2-7　在 PyCharm 上安装 Dash

注意，只有用户在虚拟环境中已经创建了 PyCharm 项目（见图 2-2），才会出现此选项。如果没有看到 Install package dash 选项，则可以在运行工具窗口中打开 Terminal 选项卡，并输入：

```
$ pip install dash
```

安装 Dash 库需要一些时间。切记，该库只安装在这个虚拟环境中，而不是安装在全局操作系统上，因此只在项目中可用。对于其他不同的项目，用户需要重新安装 Dash。

根据用户各不相同的本地环境，有可能还必须安装 pandas 库。用户可以在线查看 pandas 安装指南，网址为 https://blog.finxter.com/how-to-install-pandas-on-pycharm。本书将在第 3 章介绍 pandas 的安装。

安装完成之后，尝试再次运行 app.py，应该会看到如下内容：

```
Dash is running on http://127.0.0.1:8050/
  * Serving Flask app "app" (lazy loading)
  * Environment: production
    WARNING: This is a development server. Do not use it in a production deployment.
  Use a production WSGI server instead.
  * Debug mode: on
```

可以看到，Dash 应用程序已经托管在用户的本地计算机上，其他用户无权从外部访问它。在内部，Dash 使用 Python 的 Flask 库来为用户提供网站服务。如果要测试该应用程序，请将 http://127.0.0.1:8050/复制到浏览器中，或者在 PyCharm 的输出窗口中单击该应用。以上 URL 表示仪表板应用程序已经在 IP 地址为 127.0.0.1 的本地服务器上运行。127.0.0.1 通常被称为本地回环地址（Loopback Address），不属于任何一个地址类。它代表设备的本地虚拟接口，端口号为 8050。

有关 PyCharm 的更多信息，请参阅我们的博客教程，网址为 https://blog.finxter.com/pycharm-a-simple-illustrated-guide。

2.5 在 GitHub 上使用 Dash

如果读者想要了解 Dash 和 PyCharm，那么建议从相关专家手中复制现有的 Dash 项目，直接使用现成的代码。选用专家的项目代码可以有效地检验和提高自己的编程水平。之前，我们采用复制并粘贴文件 app.py 中的代码的方式来构建示例应用程序，其实这并不是最高效的方式，因为许多代码项目会包含多个文件和复杂的文件夹结构。下面，我们将克隆一个 GitHub 项目。在 GitHub 上，有很多开源项目可供用户选择。

注意：*在开始克隆之前，用户需要先安装 GitHub。另外，用户也可以从官网（https://git-scm.com/downloads）下载 Git，或者通过 PyCharm 安装 GitHub。*

如果用户打算将 GitHub 上的项目克隆到新的 PyCharm 项目中，那么首先需要获取克隆目标的 GitHub 存储库 URL；在以下网址 https://github.com/plotly/dash-sample-apps 上有很多项目可供选择。以下是 Plotly 库中的一个 Dash Gallery 示例应用程序，如图 2-8 所示。

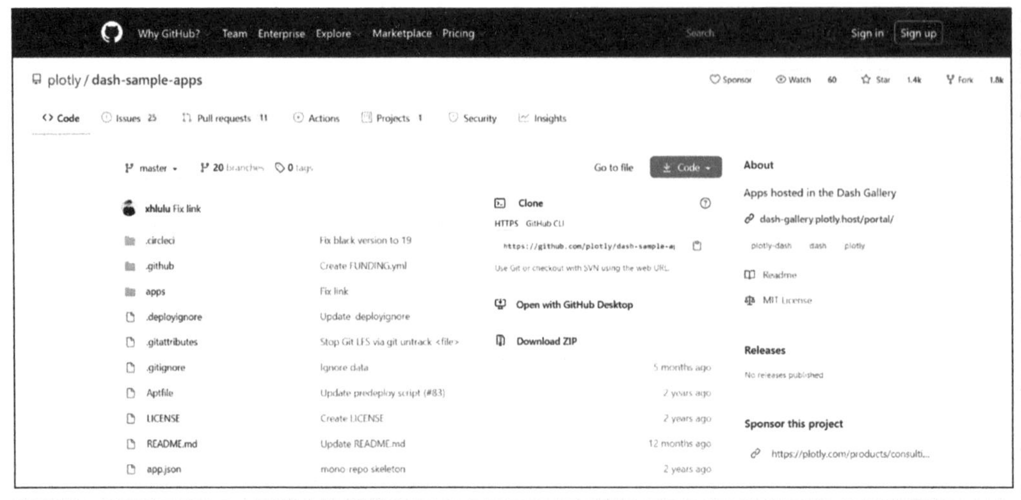

● 图 2-8　GitHub 上的 Dash Gallery 示例应用程序

然后，单击存储库中的 Code（代码）并复制 URL。比如，用户访问 https://github.com/plotly/dash-sample-apps.git，就可以看到存储库中的所有 Dash 应用程序。

接下来，打开 PyCharm，单击 VCS → Get from Version Control，如图 2-9 所示。在 URL 字段中输入 URL。我们从 Git 项目的 URL 上创建一个新项目，因此不必关注克隆目标的项目名称。

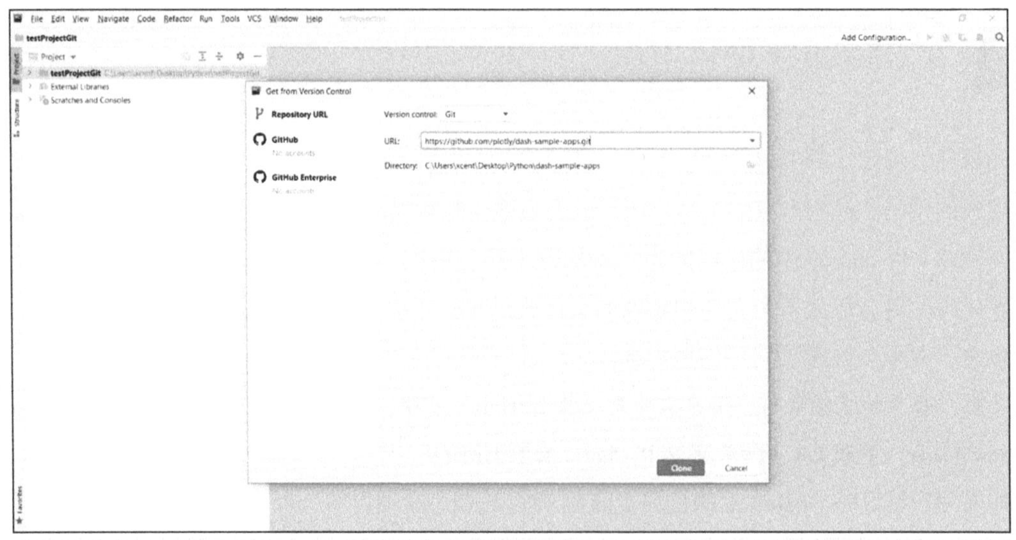

● 图 2-9　在 PyCharm 中打开 GitHub 存储库

单击 Clone（克隆）并等待操作完成。由于存储库中包含所有 Dash Gallery 项目，数量巨大，因此克隆的过程可能需要耗费一些时间。在安装好整个存储库后，用户就可以快速尝试许多不同的 Dash 项目，并查看专家的代码，学习如何实现这些有趣的 Dash 功能。

最后一步，PyCharm 要求用户设置虚拟环境，用来安装示例应用程序所需的库（见图 2-10）。单击 OK 按钮。如果遇到故障，请访问 https://www.jetbrains.com/help/pycharm/creating-virtual-environment.html，参考其中的故障排除详细策略。

● 图 2-10　在 PyCharm 中为已签出的 GitHub 存储库设置虚拟环境

至此，这个 PyCharm 项目就可以运行了。该项目是对原 GitHub 项目的克隆，是原始项目的副本，用户可以任意修改克隆副本中的代码。

下面介绍如何打开单个仪表板应用程序的主要入口点文件 app.py，如图 2-11 所示。首先在 PyCharm 中打开文件 app.py，然后安装该文件的所有依赖项，运行文件 app.py，就可以在用户自己的浏览器中进行查看了。

如果读者还想看到更多 Dash 应用程序示例，则可以访问 Dash Enterprise App Gallery 网站，Dash Gallery 中有许多 Dash 专家创建的 GitHub 存储库。我们已经看到，克隆存储库中的应用程序，操作方法简单易行。如果用户不使用 PyCharm，则可以查看在线指南（https://docs.github.com/en/github/creating-cloning-and-archiving-repositories/cloning-a-repository），学习如何克隆现有存储

库。克隆之后请大胆使用，完全不必有任何顾虑，因为用户不可能破坏任何原始项目。版本控制系统（比如 Git）可以帮助您轻松回到初始状态。

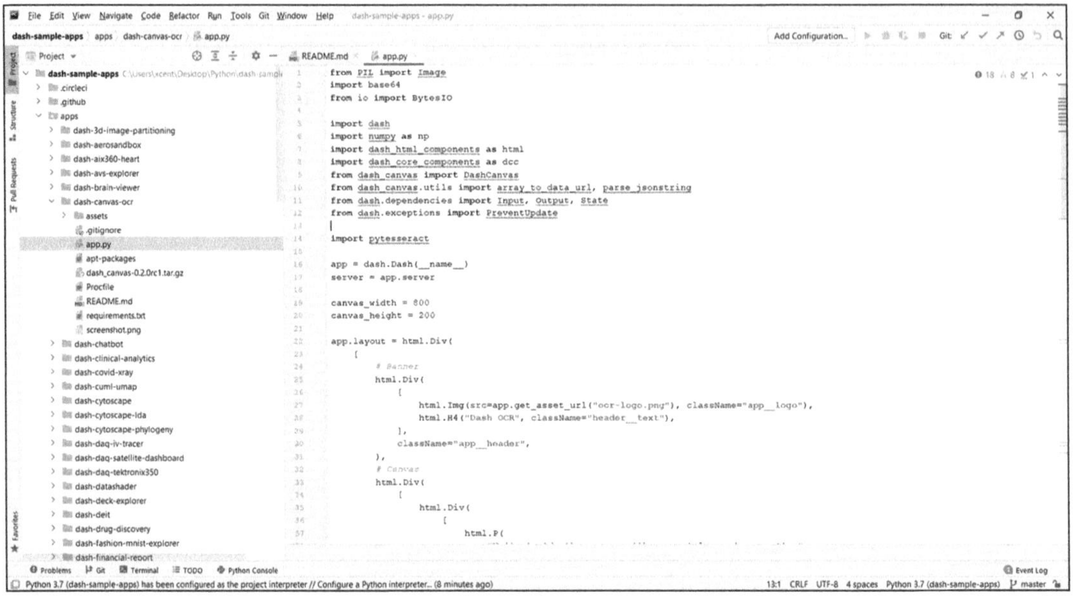

● 图 2-11　从 Dash Gallery 中打开仪表板应用程序的 app.py 文件

2.6 小结

本章介绍了如何设置 PyCharm。PyCharm 是目前最流行的 Python IDE 之一，PyCharm 与 Python Dash 集成良好。具体来说，分步骤介绍了如何安装 PyCharm 和如何通过 PyCharm 安装 Dash 等第三方库，如何创建第一个简单的 Dash 项目，如何运行该项目，并在浏览器中查看这个仪表板应用程序。此外，还介绍了如何将 PyCharm 与流行的版本控制系统 Git 集成，以便用户可以查看和学习现有的 Dash 应用程序并与他人协作开发。

在后续章节中，我们就可以按照本章介绍的步骤进行实际操作了！我们将先克隆库中现有的仪表板应用程序，再运行它，并进行 Dash 适应改造，比如调整颜色和文本标签等简单的内容。

在安装 PyCharm 后，本书还将继续介绍 pandas 库。pandas 库可帮助用户组织和处理数据，在仪表板应用程序中实现可视化效果。

pandas 速成

仪表板应用程序主要用于数据可视化。在数据可视化操作之前，需要对数据进行预处理、清洗和分析。针对以上需要，Python 提供了一套强大的数据分析模块，比如 pandas 库。pandas 库提供了用于呈现和操作数据的数据结构与功能。可以把 pandas 库想象成具有附加功能的高级电子表格程序，其附加功能包括创建电子表格、按名称访问单个行、计算基本数据、对满足特定条件的单元格进行操作等。

本章将简要介绍 pandas 库的主要特征。内容来自官方指南“10 Minutes to pandas”（pandas 的 10 分钟教程），本章只选取了该指南中与本书最相关的内容。想要获取以上官方指南视频教程，请访问 https://blog.finxter.com/pandas-quickstart。

3.1 备忘单概览

如图 3-1 所示，用图形展示了本章将要介绍的主题。

在阅读本章后续内容时，请读者随时重温此图。下面将分步骤详细说明。

3.2 安装 pandas

用户在终端、命令行或 shell 中使用以下命令，就可以在虚拟环境或系统中安装 pandas 库：

```
$ pip install pandas
```

如果用户事先已经安装过 pandas，则建议使用命令 pip install-U pandas 将其更新到最新版本。

有些编辑器和 IDE 带有集成终端，用户可以使用该终端来安装 pandas 和 PyCharm，如图 3-2 所示。如果用户使用了不同的 IDE，就可以利用该 IDE 提供的终端或用户操作系统的终端进行安

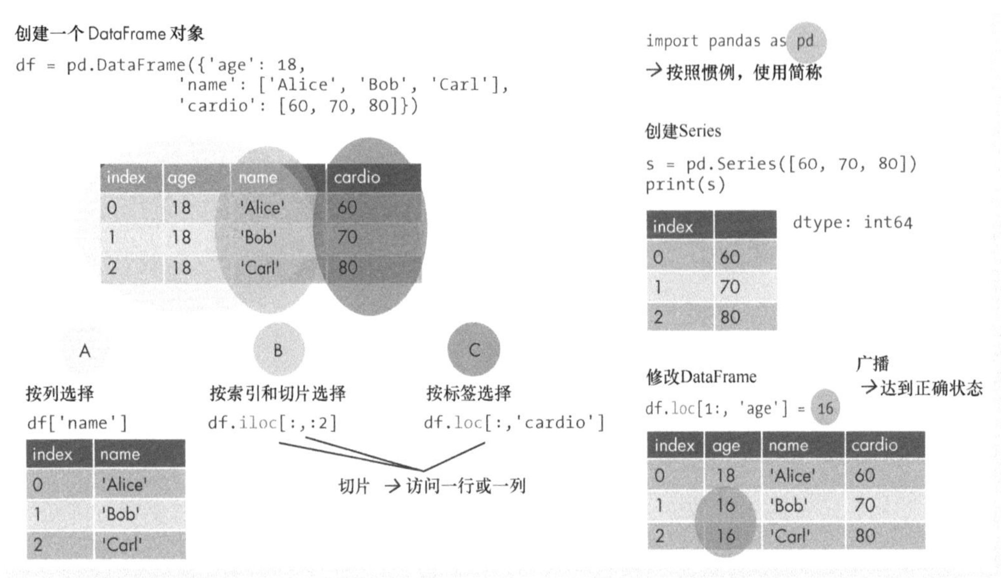

● 图 3-1　pandas 备忘单

装。如果用户已经安装 PyCharm，就可以在主编辑器中输入“import pandas”，会显示一个工具提示，单击工具提示，会出现安装 pandas 的选项，如图 3-2 所示。

图 3-2 将展示以上两种安装 pandas 的方式。

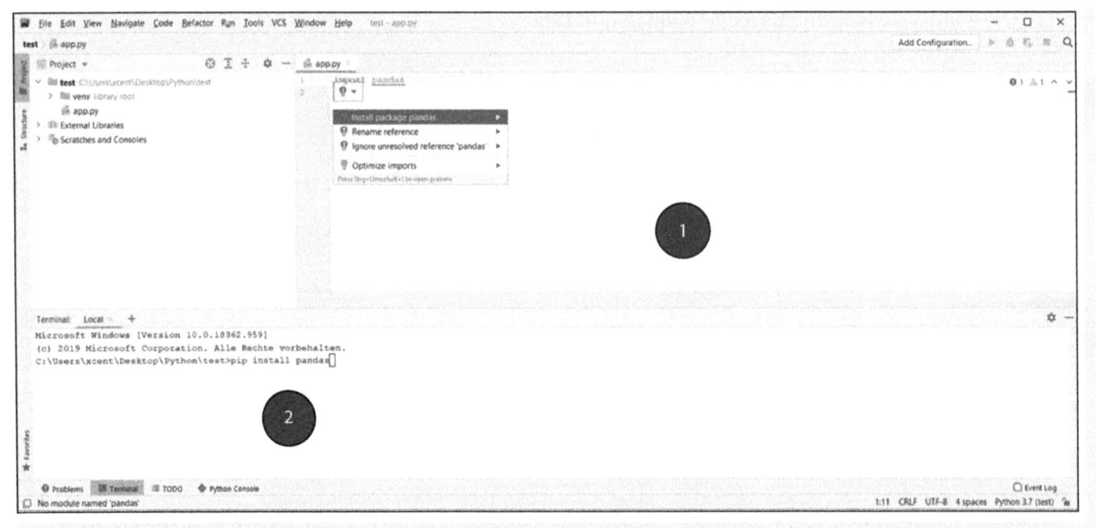

● 图 3-2　在 PyCharm 中安装 pandas 的两种方式：1）使用工具提示；2）使用集成终端，输入命令“pip install pandas”

要在 Python 脚本中访问 pandas 库，使用 import pandas 语句将其导入即可。方便起见，常常将 pandas 简称为 pd，因此脚本顶部有一行语句：

```
import pandas as pd
```

之后，就可以直接使用 pd.somefunction( )，而不再需要使用 pandas.somefunction( ) 了。

故障排查

用户在尝试运行 pandas 代码时，如果发现 pandas 并没有安装成功，请按照以下步骤，在 PyCharm 项目中正确安装它：

1）从 PyCharm 菜单中依次选择 File → Settings → Project。

2）选择用户当前的项目。

3）单击项目选项卡中的 Python Interpreter 选项卡。

4）单击加号（+）将新库添加到项目中。

5）输入要安装库的名称：pandas，然后单击 Install Package。

6）等待安装终止，然后关闭所有弹出的窗口。

3.3 在 pandas 中创建对象

pandas 中重要的两种数据类型是 Series 和 DataFrame。其中，Series 是一维数组，就像 Excel 工作表中的列；DataFrame 是二维标记的数据结构，就像一个完整的电子表格。使用这两种数据结构，可以更加方便地进行数据存储、访问和分析。

使用索引可以轻松地对每一行或列进行访问，pandas 会在用户创建 DataFrame 结构时，自动将行和列的索引添加到数据结构中。默认情况下，pandas 索引值从 0 开始，以 1 为步长递增，直至数据结构的末尾为止。

3.3.1 Series

为了在 PyCharm IDE 中使用 pandas 示例，在创建新项目时，选择 File → New Project，然后通过 File → New → Python File 创建新的空白 Python 文件。用户可以为这个新项目和新 Python 文件随意命名。在新项目文件中，复制以下代码，就可以创建一个简单的 Series 对象（前提是用户已经安装pandas）：

```
import pandas as pd
s = pd.Series([42, 21, 7, 3.5])
print(s)
```

运行以上代码，可以看到以下内容：

```
0  42.0
1  21.0
2  7.0
3  3.5
dtype:float64
```

上面通过 pd.Series( )构造函数创建了一个 Series，并向其传递了一个列表。当然，也可以传递其他数据类型以创建 Series，比如整数列表、布尔元组或其他任何可迭代的数据值。而且，pandas 会自动确定整个数据系列的数据类型并将其分配给 Series 对象，如上面输出的最后一行所示。

3.3.2 DataFrame

pandas DataFrame 就像代码中的数据表，在行、列和单元格中可填充某种类型的数据，如图 3-3 所示。

```
#Create a DataFrame
df = pd.DataFrame({'age': 18,'name': ['Alice','Bob','Carl'],'cardio':
                   [60, 70, 80]})
```

index	age	name	cardio
0	18	'Alice'	60
1	18	'Bob'	70
2	18	'Carl'	80

● 图 3-3　创建包含三行三列（不包括索引列）的 pandas DataFrame 对象

以下代码清单 3-1 将展示如何创建以上 DataFrame 对象。

代码清单 3-1：创建名为 df 的 DataFrame 对象示例

```
import pandas as pd
df = pd.DataFrame({'age': 18,
```

```
                    'name': ['Alice', 'Bob', 'Carl'],
                    'cardio': [60, 70, 80]})
print(df)
```

以上代码清单将会创建以下 DataFrame 对象：

```
      Age      name        cardio
   0  18       Alice       60
   1  18       Bob         70
   2  18       Carl        80
```

我们已经用 pd.DataFrame( ) 构造函数创建了 DataFrame。当用户使用字典来初始化 DataFrame 时，如上所示，字典的键为列名，字典的值为该列的行值。用户还可以只提供列值，比如 18，并将其分配给整个列名 age，这样该列中的每个单元格都会填充为 18。

注意：**从技术上来讲，如果只为特定列的所有行提供单个值，则 pandas 可以自动为 DataFrame 中的所有行设置相同的值，这一过程称为广播（broadcasting）。**

DataFrame 也可以采用从 CSV 文件中读取数据的方式进行构建。用户可使用 pandas read_csv( ) 函数加载 CSV 文件，构建 DataFrame 对象如下所示：

```
import pandas as pd

path = "your/path/to/CSV/file.csv"
df = pd.read_csv(path)
```

用户需要将文件路径替换为特定文件路径：可以是绝对路径，也可以是脚本所在位置的相对路径。例如，如果 CSV 文件与 Python 脚本位于同一目录中，那么用户只需要将文件名作为相对路径。

3.4 访问 DataFrame 元素

Series 对象和 DataFrame 对象都允许访问单个元素。

下文将介绍如何以简单、高效、可读的方式来存储、访问和分析来自 DataFrame 的数据。Series 对象可以看作一维的 DataFrame，因此，只要理解了 DataFrame 数据访问，就理解了 Series 访问。图 3-4 只显示了图 3-1 所示备忘单中的相关部分。我们可以看到访问数据的 3 种方式：按列选择（A）、按索引和切片选择（B）、按标签选择（C）。下面将对这 3 种方式逐一进行简要介绍，更多细节内容将在后续章节中深入探讨。

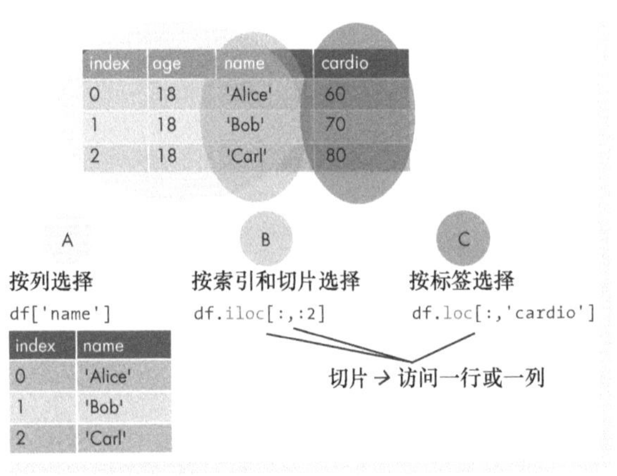

● 图 3-4　在 DataFrame 中访问元素的 3 种不同方式

3.4.1 按列选择

本书在有关 Python 列表和字典的章节中，介绍过方括号表示法（[ ]），用户可以使用该方法进行按列选择。针对代码清单 3-1 中的 DataFrame 对象 df，用户可以选择 age 列中的所有元素，如下所示：

```
print(df['age'])
```

输出结果如下：

```
0    18
1    18
2    18
Name: age,dtype: int64
```

从输出结果可以看出，通过 DataFrame 对象的名称和方括号中的列名，可以访问 age 列中的所有值。

注意，在一些 pandas 代码库中，用户可能会看到使用 df.age 来访问列，但是通用做法是使用方括号表示法，比如 df ['age']，类似于标准 Python 的列表、字符串和字典索引，都使用方括号表示法来访问。

3.4.2 按索引和切片选择

要访问 DataFrame 对象中的特定行，可以使用切片表示法 df[start:stop]。如第 1 章所述，具有 start（起始）索引的行被包括在访问结果中，而具有 stop（停止）索引的行则被排除在访问结果之外。但是，在使用 df.loc[start:stop]时要小心，stop 索引是被包括在访问结果之内的，这一点非常容易混淆出错！

注意：读者可通过在线资源 https://blog.finxter.com/introduction-to-slicing-in-python 获取关于 Python 切片的综合教程，通过在线资源 https://blog.finxter.com/numpy-tutorial 获取关于 NumPy 切片的综合教程。

如果只需要访问一行内容，则可以按照以下方式设置 start 和 stop 索引：

```
print(df[2:3])
```

这样就会打印索引为 2 的行，由于指定了 stop 索引为 3，因此不会再打印更多行，因为不会访问 stop 索引为 3 的行，输出结果如下所示：

```
      age   name   cardio
2     18    Carl   80
```

下面介绍如何使用 iloc 索引访问 DataFrame 对象第 X 行和第 Y 列的元素。下面使用从 0 开始的索引 2 和索引 1 来访问 DataFrame 对象 df 中的第三行第二列元素：

```
print(df.iloc[2, 1])
```

iloc 索引中的第一个参数 i 表示访问第 i+1 行，第二个参数 j 表示访问第 j+1 列。因此，运行以上代码，就会打印第三行（索引为 2）第二列（索引为 1）的数据值，即' Carl '。

布尔索引

如果需要访问符合特定条件的行，那么还有一种高效的方法：布尔索引。下面再次以 DataFrame 对象 df 为例，访问 cardio（有氧运动）列中，值大于 60 的行（稍后将解释为什么会选择这些列），如下所示。

```
print(df[df['cardio']>60])
```

这样就会提取到最后两行元素：

```
    age    name    cardio
1   18     Bob     70
2   18     Carl    80
```

虽然这条语句初看有些奇怪，却是 pandas 创建者的精心设计。如果 cardio 列的第 X 个元素大于 60，则内部条件 df[' cardio ']>60 会产生一个布尔值为“True”的 Series 系列。以上 DataFrame 对象的最后两行符合条件，因此，df[' cardio ']>60 会产生以下 Series 系列：

```
0      False
1      True
2      True
Name: cardio, dtype: bool
```

随后，这些布尔值将作为索引传递到 DataFrame 对象 df 中，得到一个只有两行（而不是三行）的 DataFrame 对象。

3.4.3 按标签选择

与电子表格一样，pandas 中的每一行每一列都有标签。标签可以是整数索引，比如行索引，也可以是字符串名称，比如 DataFrame 对象 df 中 cardio 列的名称。使用 df.loc[rows, columns]，就可以按照标签访问数据。

下面访问 DataFrame 对象 df 中 name 列的所有行：

```
print(df.loc[:, 'name'])
```

运行结果为：

```
0      Alice
1      Bob
2      Carl
Name: name, dtype: object
```

df.loc[:, 'name']的方括号内使用逗号进行切片索引，其中逗号前的部分“:”用来选择行，逗号后的部分“'name'”用来选择要检索的 DataFrame 中的列。在上面的代码中，在选择行的部分并没有指定开始索引和结束索引，只使用了一个冒号，表示用户可以不受限制地访问所有行。字符串'name'表示用户只从 name 列中检索值，而忽略其余列。

为了访问 age 列和 cardio 列中的所有行，可以传递一个列标签列表，如下所示：

```
print(df.loc[:, ['age', 'cardio']])
```

运行结果为：

```
       age    cardio
0      18     60
1      18     70
2      18     80
```

3.5 修改 DataFrame

用户可以使用赋值运算符（=）修改甚至覆盖 DataFrame 中的一部分内容，具体做法是：在左侧选择要替换的数据，并在右侧提供新数据。以下代码将 age 列中的所有整数值修改为 16。

```
df['age'] = 16
print(df)
```

运行结果为：

```
   age    name    cardio
0  16     Alice   60
1  16     Bob     70
2  16     Carl    80
```

在以上代码中，首先使用 df['age']选择 age 列，然后用整数值 16 覆盖与 age 相关的所有值。pandas 使用广播，可以将单个整数复制到某列的所有行中。图 3-5 显示了 pandas 备忘单中的相关部分。

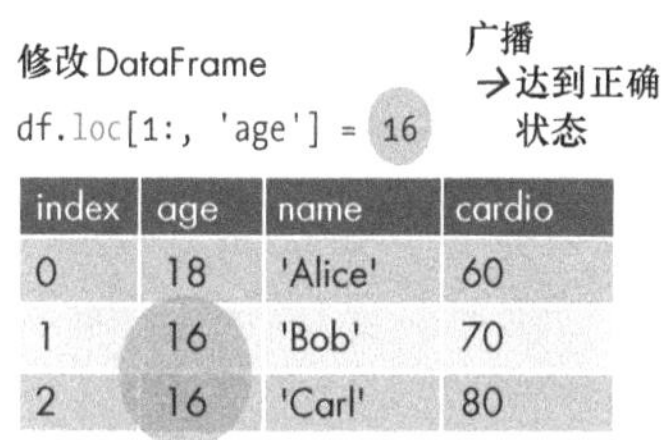

图 3-5 使用切片和广播修改 DataFrame 中 age 列的第二行与第三行

下面是一个更高级的示例，将使用切片和 loc 索引来覆盖除 age 列第一行之外的所有内容。首先，重建 DataFrame 对象 df：

```
import pandas as pd
df = pd.DataFrame({'age': 18, 'name': ['Alice', 'Bob', 'Carl'],
                   'cardio': [60, 70, 80]})
```

运行结果为：

```
   age    name    cardio
0  18     Alice   60
1  18     Bob     70
2  18     Carl    80
```

下面通过标准切片表达式访问第二行和第三行，排除第一行：

```
df.loc[1:,'age'] = 16
print(df)
```

得到以下结果，可以看到 Alice 的年龄仍然是 18 岁。

```
   age    name    cardio
0  18     Alice   60
1  16     Bob     70
2  16     Carl    80
```

由于 pandas 非常灵活方便，因此将为以上示例增加一列新的内容。通过使用不同的索引方式，如括号表示法、切片、loc 和 iloc，可以覆盖现有数据并添加新数据。下面使用 loc 索引、切片和广播来添加新的列：friend。

```
df.loc[:,'friend'] = 'Alice'
print(df)
```

得到以下结果：

```
    age    name    cardio    friend
0   18     Alice   60        Alice
1   16     Bob     70        Alice
2   16     Carl    80        Alice
```

注意，使用以下更加简单的代码，也可以实现同样的效果。

```
df['friend'] = 'Alice'
print(df)
```

同样得到：

```
    age    name    cardio    friend
0   18     Alice   60        Alice
1   16     Bob     70        Alice
2   16     Carl    80        Alice
```

3.6 小结

本章介绍了在后续章节即将使用的 pandas 相关功能。pandas 库还有其他许多功能，比如计算统计数据、绘图、分组、整形等。建议读者在空闲时光利用本章提供的在线资源继续探索 pandas。只要掌握了本章涵盖的基本概念，就能够阅读和理解其他许多 Dash 项目中现成的 pandas 代码。

在下一章，您将构建自己的第一个仪表板应用程序！

3.7 在线资源

- “10 minutes to pandas”：https://pandas.pydata.org/pandas-docs/stable/user_guide/10min.html。
- 可在本书的配套网站 https://learnplotlydash.com 中，免费获得电子书：*Coffee Break Pandas*。

第二部分

构建应用程序

本书第二部分将引导读者完成4个独立的应用程序，学习如何使用常见的组件，并回顾Dash核心概念。在介绍如何对各种数据集进行可视化的过程中，读者将接触Plotly图形库中的几个流行图形。这4个独立的应用程序分别为分析社交媒体数据的应用程序、实时检索数据的应用程序、探索资产配置和投资组合回报的应用程序，以及可视化机器学习模型的应用程序。最后，还将总结构建过程中的注意事项和小技巧，帮助读者未来能够更加轻松、愉快地学习Dash和构建自己的应用程序。

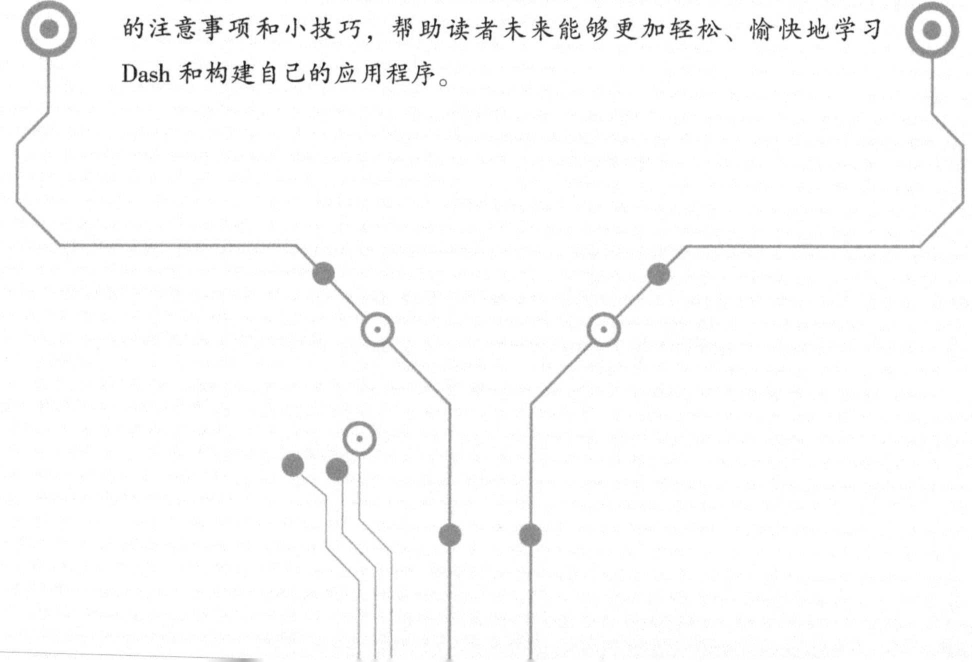

构建首个 Dash 应用程序

本章将帮助读者构建属于自己的第一个 Dash 应用程序。我们将分析 Twitter 上 16 位名人自 2011 年以来获得的点赞数量。读者可以从本书提供的在线资源网站（https://github.com/Dash-BookProject/Plotly-Dash）上下载数据。即将进行的这类分析在社交媒体分析领域非常普遍，通过分析，可以更好地了解受众行为、帖子的有效性、某一账户的整体表现等。

这个仪表板应用程序将绘制每条推文的点赞数。一旦读者掌握了 Dash 的简单绘图过程，就可以在未来进一步提高技能，在其他领域也能够绘制更大、更复杂的数据，比如，Instagram 帖子浏览量、Facebook 个人资料访问量、LinkedIn 帖子点击率、YouTube 视频指标等。

本章还将介绍丰富的 Dash 知识，为读者将来创建自己的仪表板应用程序提供 Dash 知识储备，比如，如何将数据合并到应用程序中、如何管理众多仪表板应用程序组件、如何构建折线图等基本图表、如何通过回调装饰器为仪表板添加交互功能。下面，让我们先下载代码，运行应用程序，看看效果如何。

4.1 设置项目

打开 PyCharm，创建一个新项目，并将其命名为 my-first-app（该项目名称应该是 New Project 对话框内 Location 字段中最后一个反斜杠后的后缀文本）。使用标准 Virtualenv 来设置虚拟环境。

注意：本章中的代码默认用户使用的是 Python IDE，比如 PyCharm。如果用户没有安装 IDE 和虚拟环境集，请返回第 2 章完成您的 Python 设置。如果用户使用了不同的编码环境，则只需要调整此处的设置以适应您的环境。另外，本章中的代码需要 Python 3.6 及以上版本。

接下来，需要将本章的仪表板应用程序文件下载到您的项目文件夹中。这次，并不像第 2 章那样克隆存储库（因为偶尔会有一些不能直接作为 Git 存储库的项目），而是直接下载 ZIP 文件，以帮助读者尝试各种不同的方法来进行项目设置。要使用 ZIP 文件，请访问位于 https://github.com/DashBookProject/Plotly-Dash 网站上的 GitHub 存储库，首先单击 Code（代码），然后单击 Download ZIP 命令项（下载 ZIP），如图 4-1 所示。

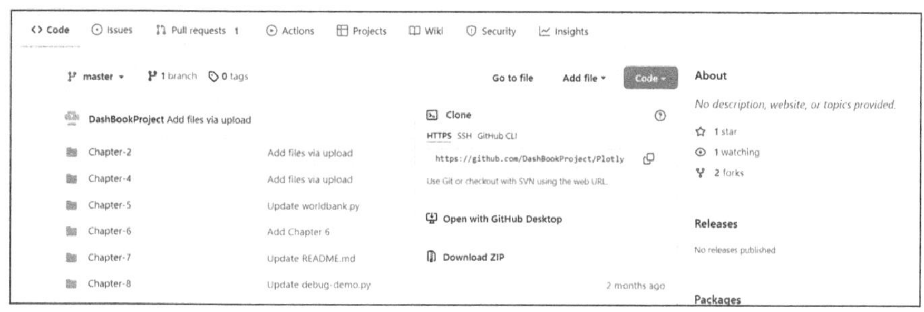

● 图 4-1　从 GitHub 上下载应用程序代码

下一步，打开 Plotly-Dash-master.zip 文件，进入 Chapter-4 文件夹。将该文件夹中的所有文件复制到刚刚创建的 my-first-app 项目文件夹中，该项目文件夹里的文件结构如下：

```
— my-first-app
 |— —assets
        — —mystyles.css
 |— —tweets.csv
 |— —twitter_app.py
```

以上 assets 文件夹用于保存 CSS 脚本，tweets.csv 文件用于保存数据，twitter_app.py 是运行该应用的主要应用程序文件。

下面，我们将在虚拟环境中安装必要的库。首先，找到 PyCharm 窗口底部的 Terminal 选项卡，如图 4-2 所示。

然后，输入并执行以下代码来安装 pandas 和 Dash（Plotly 包是随 Dash 自动安装的，NumPy 包是随 pandas 自动安装的，因此都不需要单独安装）。

```
$ pip install pandas
$ pip install dash
```

输入以下代码，检查上述库是否安装正确。

```
$ pip list
```

以上代码可以创建当前虚拟环境中的所有 Python 包的列表。如果这些包都已清晰显示在列

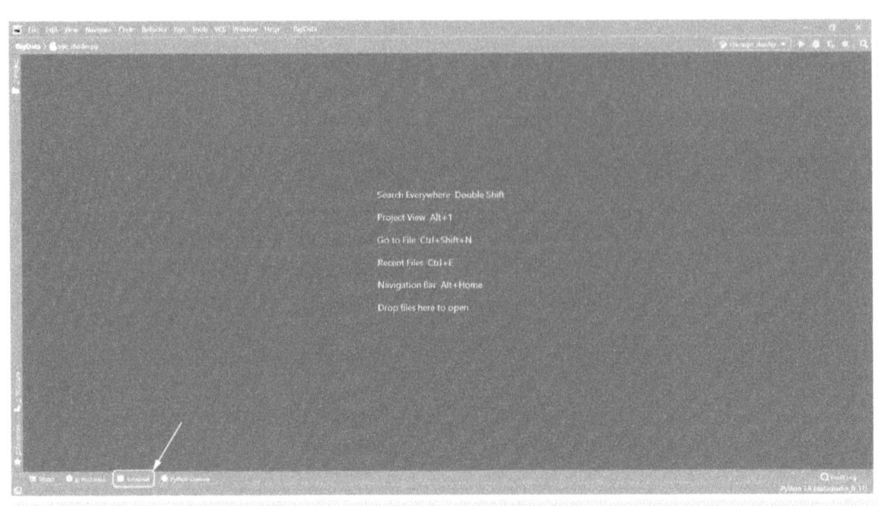

● 图 4-2 在 PyCharm 中打开 Terminal 终端

表中，就说明一切顺利。注意，与上述 Python 包同时显示的还有 pandas 和 Dash 的所有依赖项，因此用户看到的不仅仅是 pandas 和 Dash 两个库，还有其他更多的库。

接下来，在 PyCharm 中打开 twitter_app.py 并运行该脚本，会看到以下消息：

```
 * Serving Flask app "twitter_app" (lazy loading)
 * Environment: production
WARNING: This is a development server. Do not use it in a production deployment.
Use a production WSGI server instead.
 * Debug mode: on
Dash is running on http://127.0.0.1:8050/
```

上述警告只是提醒我们，该应用程序运行在开发服务器中，完全是正常状态。要想运行该应用程序，只需要单击 HTTP 链接，或者将该链接复制并粘贴到浏览器的地址栏中。

恭喜您！现在已经可以看到您的第一个 Dash 应用程序了，如图 4-3 所示。

现在，我们来试试这款仪表板应用程序。更改下拉值、单击链接、单击图表图例，以及按住鼠标左键并拖动鼠标来放大到某个日期范围，试试这些操作，看看会出现什么变化。

下面分析以上应用程序的代码。其代码结构也适用于其他大多数 Dash 应用程序，如下所示。

1）导入必要的 Python 库。

2）读取数据。

3）指定一个样式表来描述应用程序的显示方式。

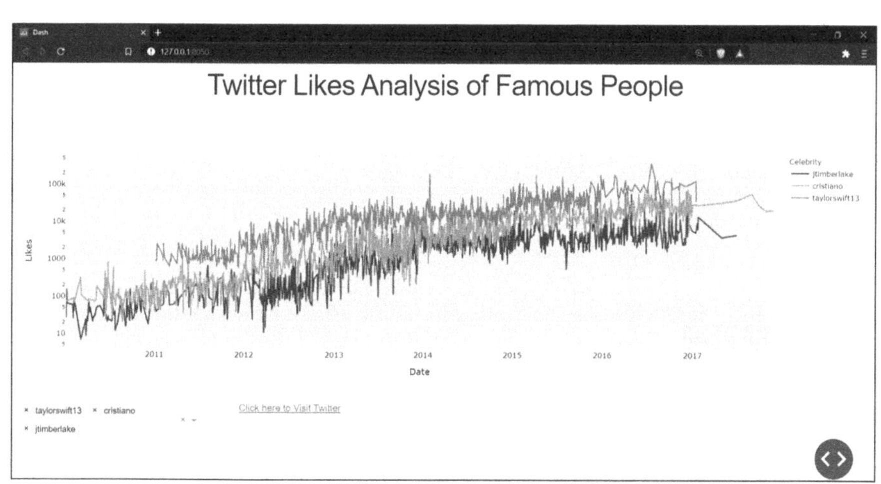

● 图 4-3　Twitter 点赞分析应用程序

4）构建应用程序布局，用于定义所有元素的显示方式。

5）创建回调，用于应用程序各组件之间的交互。

以上为 Dash 应用程序框架，下面将按此框架顺序，逐一介绍代码。

4.1.1 导入必要的库

我们将要使用以下几个库，如代码清单 4-1 所示。

代码清单 4-1：twitter_app.py 的库导入

```
import pandas as pd
import plotly.express as px
from dash import Dash, dcc, html, Input, Output
```

首先导入 pandas，用于处理数据。然后导入 Plotly，它是一个流行的 Python 可视化库。在 Plotly 中创建图形主要有两种方法，本章采用的第一种方法是使用 Plotly Express，它是一个高级接口，可以在单个函数调用中创建图形，代码简洁，足以让用户快速上手构建图形，适用于简单的应用程序。第二种方法是使用 Plotly Graph Objects，它是一个用于自下而上创建图形的低级接口。在使用图形对象时，需要用户定义数据、布局，有时还需要定义框架，因此图形构建过程更加复杂。也就是说，它可以让用户采用更具丰富性的方式自定义图形。因此，当掌握了 Dash 基础知识，并且需要构建更复杂的图形时，您可能会想使用 Plotly Graph Objects。本书在大多数情况下使用 Plotly Express，只有在更复杂的情况下才使用 Plotly Graph Objects。

接下来，导入几个 Dash 库，用来处理组件和依赖项。Components 是可以组合在一起为用户创建丰富、复杂界面的菜单和组件，比如下拉菜单、范围滑块、单选按钮等。Dash 捆绑了两个由 Plotly 维护的关键组件库：dash-html-components（HTML）和 dash-core-components（DCC）。其中，dash-html-components 组件库包含结构元素，如标题和分隔符，用于在页面上设置元素的样式和位置，另一个组件库 dash-core-components 为应用程序提供核心功能，比如用户输入字段和图形。

4.1.2 数据管理

在本章 Twitter 点赞分析应用程序中，使用 CSV 电子表格作为数据源。要使用这些数据，需要先通过 pandas 将数据读入内存，在此之前，还需要清洗（clean）数据。清洗数据是为后续分析和绘图做好数据准备，比如将字符串的大小写和时间格式进行标准化处理，去除空格，将缺失值设置为 null。未经清洗的数据通常是杂乱无章的，可能会包含缺失值，被称为“脏”（dirty）数据。使用脏数据可能会导致绘图无法正常工作、分析不准确、过滤困难等。清洗数据可以确保数据可读、可呈现、可绘制。代码清单 4-2 就是该应用的数据管理部分。

代码清单 4-2：twitter_app.py 的数据管理

```
❶ df = pd.read_csv("tweets.csv")
df["name"] = pd.Series(df["name"]).str.lower()
df["date_time"] = pd.to_datetime(df["date_time"])
df = (
    df.groupby([df["date_time"].dt.date, "name"])[
        ["number_of_likes", "number_of_shares"]
    ]
    .mean()
    .astype(int)
)
df = df.reset_index()
```

上述代码的第一行❶将 CSV 电子表格读取到名为 df 的 pandas DataFrame 对象中。Dash 应用程序开头处的 DataFrame 通常称为全局 DataFrame，其中的变量是全局变量（全局意味着该对象是在函数外部声明的，可以在整个应用程序中对其进行访问）。

在清理数据过程中，为了便于比较，将 name 列的字符串改为小写，将 date_time 列转换为 pandas 可以识别的日期，并按 date_time 和 name 对数据进行分组，这样每行都有一个唯一的日期戳和名称。如果不以这种方式对数据进行分组，那么最终会得到多个日期和名称相同的行，这将创建一个无法阅读的混乱折线图。

要查看数据，只需要在 df=df.reset_index()之后添加一行代码：

```
print(df.head())
```

重新运行该脚本，就会在 Python 终端中看到如下内容：

```
      date_time     name            number_of_likes     number_of_shares
0     2010-01-06    selenagomez     278                 695
1     2010-01-07    jtimberlake     62                  189
2     2010-01-07    selenagomez     201                 630
3     2010-01-08    jtimberlake     27                  107
4     2010-01-08    selenagomez     349                 935
```

可以看到，以上结果是一个整齐的 pandas DataFrame，其中包含每个名人每天平均的点赞数据和分享数据。

在应用程序开始时就进行数据读取和准备是一个良好的编程习惯，因为读取数据是一项占用大量内存的任务，在开始时就导入数据，可以确保应用程序一次性地将数据加载到内存中，而不会在用户每次与仪表板交互时都重复加载数据。

4.1.3 布局和样式

接下来我们管理应用程序组件的布局和样式，比如标题、图形、下拉菜单等。在本章后续小节“Dash 组件”中会详细介绍以上组件，本节重点介绍布局。

在 Dash 应用程序中，布局（layout）是指应用程序内组件的对齐方式。样式（style）是指元素的外观，比如颜色、大小、间距和其他属性（在 Dash 中称为 props）。对应用程序进行样式设置可以实现个性化的程序界面设计、更加专业的演示效果。如果未经样式设置，那么这款 Twitter 点赞分析应用程序最终的呈现效果会如图 4-4 所示那样，即标题未居中、下拉字段延伸到整个页面、链接和它上面的下拉列表之间没有空格。

对齐

Dash 是基于网络的应用程序，因此也要使用网页的标准语言：HTML（超文本标记语言）。幸好，Dash 包含 Dash HTML Components 模块，可以将 Python 转换为 HTML，这意味着用户可以直接使用 Python 来编写 HTML。

HTML 中最重要的组件之一是 Div（division 的缩写）。Div 是其他元素的容器，是一种将众多元素组合在一起的方式。在 Dash 应用程序中使用的每个组件都被包含在一个 Div 中，一个 Div 可以包含多个组件。首先构建 Div，然后设置 Div 的样式，这样就可以在 Web 浏览器上确定其精确位置和所占空间。

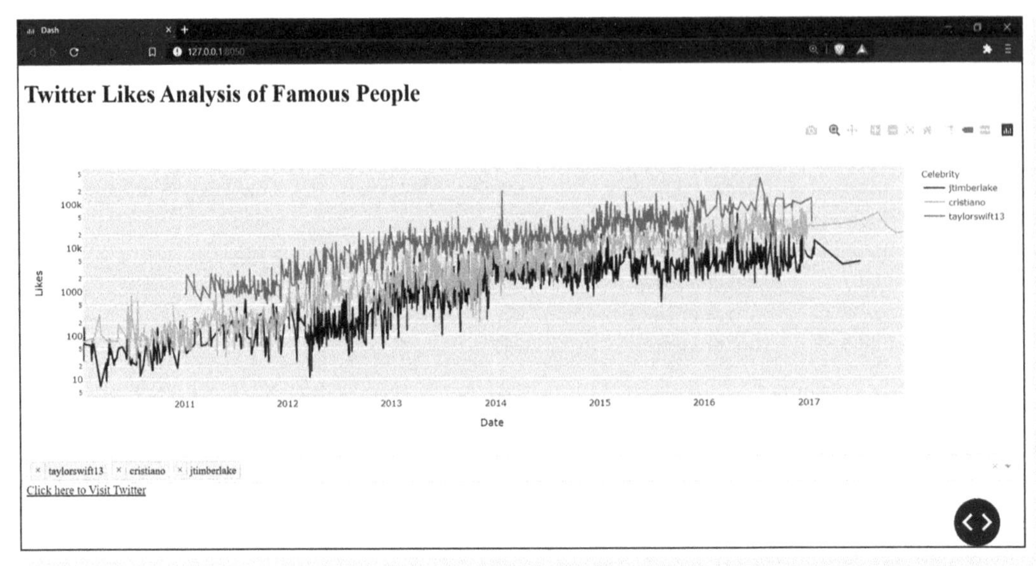

● 图 4-4　未经布局和样式设置的 Twitter 点赞分析应用程序演示效果

例如，创建一个带有 3 个下拉菜单的仪表板应用程序，用关键字 Dropdown 表示，如代码清单 4-3 所示。

代码清单 4-3：示例 Div 代码（这不是 Twitter 点赞分析应用程序的一部分）

```
app.layout = html.Div([
    html.Div(dcc.Dropdown()),
    html.Div(dcc.Dropdown()),
    html.Div(dcc.Dropdown()),
])
```

在以上代码清单中，app.layout 这行代码为该示例 Dash 应用程序创建了一个布局，与布局相关的所有内容都必须放在 app.layout 当中。随后又创建了包含 3 个下拉菜单的 Div。

默认情况下，Div 将占据父容器的整个宽度，意味着它是一个占据整个页面宽度的大单元格。对于上述下拉菜单，其显示效果是：第一个 Dropdown 将出现在左上角，并从左到右填充整个页面；第二个 Dropdown 将出现在第一个 Dropdown 的正下方，并填满页面的整个宽度；第三个 Dropdown 以此类推。换言之，每个 Div 都将占据页面的整个宽度，并强迫右侧相邻的元素换行。

为了精确控制每个 Div 的分配空间，应该将网页划分为由若干行和若干列形成的网格，这样就可以将每个 Div 放置在网格内的特定单元格中。可以使用预制的 CSS 样式表快速定义行和列。

CSS（层叠样式表）是另一种用于定义页面显示方式的 Web 语言。用户可以将样式表放在外部文件中，也可以从在线目录中调用一个样式表到自己的应用程序中。本书使用的样式表来自 https://codepen.io。该样式表由 Plotly Dash 的创造者 Chris Parmer 编写，内容全面，适用于基本的 Dash 应用程序。在代码清单 4-4 中，导入了 CSS。第一行代码使得 twitter_app.py 从网络上获取了 CSS 样式表并将其合并到该应用程序中，第二行代码使用 Dash 实例化该应用程序。

代码清单 4-4：将样式表导入 twitter_app.py

```
stylesheets = ['https://codepen.io/chriddyp/pen/bWLwgP.css']
app = Dash(__name__, external_stylesheets=stylesheets)
```

通过使用 CSS 类，CSS 样式表可以描述页面上各行各列的高度和宽度。用户只需要在 Dash 代码中引用这些类，就可以将 Div 内容放置在网格内的特定单元格中。

对网格的设置必须先分配行，再逐行分配列。为了满足上述顺序要求，为 className 设置字符串值“row”。下面以代码清单 4-3 中的 Div 示例为基础（假设此代码已导入自定义样式表），增加一行新代码，新代码以粗体显示，参见代码清单 4-5。

代码清单 4-5：带有 className 的示例 Div 代码（这不是 Twitter 点赞分析应用程序的一部分）

```
app.layout = html.Div([
    html.Div(dcc.Dropdown()),
    html.Div(dcc.Dropdown()),
    html.Div(dcc.Dropdown()),
], className="row")
```

以上代码，将 row 分配给包含 3 个下拉菜单的 html.Div，因此这 3 个下拉菜单都将显示在页面的同一行中（见图 4-5）。className 是一个属性，可以从 CSS 样式表中为其分配类，告诉 Dash 如何为元素设置样式。在以上示例中，为 className 分配了类 row，告诉该应用程序这个 Div 中的所有组件都应该在同一行上。每个 Dash 组件都有一个 className，通常用于设置样式和定义布局，使用 html.Div 的 className 属性就可以描述每个 Div 的行列布局。

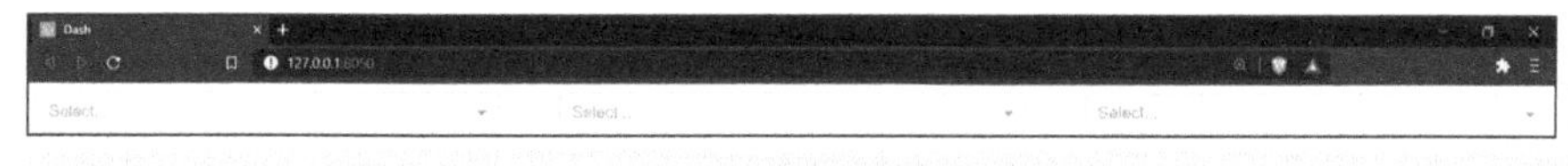

图 4-5　3 个下拉菜单都在同一行

在定义好行之后，还需要定义列的宽度值，以便 Dash 知道要如何为该行中的每个组件分配列空间。下面将对该行中包含的每个 html.Div 执行上述操作，参见代码清单 4-6 中的粗体部分。

代码清单 4-6：设置列宽（这不是 Twitter 点赞分析应用程序的一部分）

```
app.layout = html.Div([
    html.Div(dcc.Dropdown(), className="four columns"),
    html.Div(dcc.Dropdown(), className="four columns"),
    html.Div(dcc.Dropdown(), className="four columns"),
], className="row ")
```

在上述代码清单中，设置了每个 Div 组件应使用字符串值填充的列空间值，即为 className 设置字符串值，格式类似于“one column”或“two columns”等。由于大多数网页的列空间最多只有 12 列（行数可能不受限制），因此各个组件的列宽之和永远不能超过 12，在本示例中，每个下拉菜单可填充 4 列空间，当然，并不必填满所有 12 列。图 4-5 展示了这个简单页面的呈现方式。

在了解上述知识后，请读者查看代码清单 4-7，在 twitter_app.py 文件的 html.Div 部分，列宽同样小于 12。

代码清单 4-7：twitter_app.py 的下拉菜单

```
html.Div(
    [
    ❶html.Div(
        dcc.Dropdown(
            id="my-dropdown",
            multi=True,
            options=[
                {"label": x, "value": x}
                for x in sorted(df["name"].unique())
            ],
            value=["taylorswift13", "cristiano", "jtimberlake"],
        ),
        className="three columns",
    ),
    ❷html.Div(
            html.A(
                id="my-link",
                children="Click here to Visit Twitter",
                href="https://twitter.com/explore",
                target="_blank",
            ),
            className="two columns",
        ),
    ],
    className="row",
),
```

在以上代码中，同一行包含两个 Div：❶Dropdown（下拉菜单），有多位名人可供选择，❷用户可单击的链接。这两个 Div 的列宽总和为 5，左对齐，如图 4-6 所示。

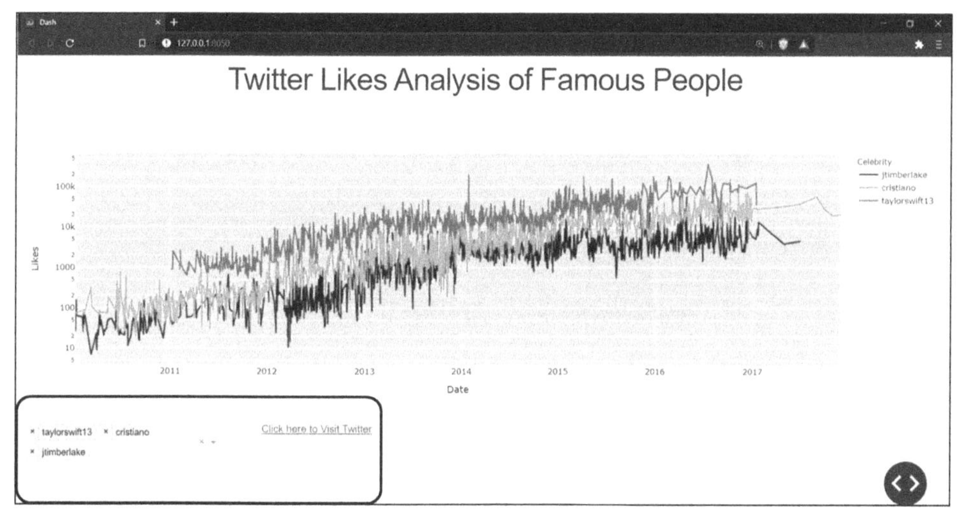

● 图 4-6　列宽之和为 5 的两个组件

注意，某些样式表（包括此处使用的样式表）要求首先创建父级 Div 并为其分配一行，然后在同一父级 Div 内部为各个子级 Div 定义列宽。

4.1.4　样式：美化应用

样式让应用程序鲜活起来，可以添加颜色、更改文本的字体和大小、为文本添加下画线等。改变应用程序的样式主要有两种方法：第一种方法是在 Dash HTML 组件中使用 style 属性，允许用户指定 CSS 样式声明，该样式将直接应用于 Dash HTML 组件；第二种方法是引用 CSS 样式表，类似于创建行和列。下面会展示如何将附加样式表 mystyles.css 集成到应用程序中。如果读者已经按照本节（“设置项目”）开始部分中的说明下载了文件，那么这些文件应该位于 assets 文件夹中。

下面介绍如何使用 style 属性来美化应用程序。

1. 使用 style 属性

style 属性需要使用 Python 字典，其中的键用来指定想要更改的地方，值用来设置样式。在以上 twitter_app.py 文件中，通过在“html.A”组件（用于添加 URL 链接的组件）中定义 style 属性，将该链接的文本颜色更改为红色，参见代码清单 4-8。

代码清单 4-8：为 twitter_app.py 中的 HTML 元素设置样式

```
html.Div(
    html.A(id="my-link", children="Click here to Visit Twitter",
        href="https://twitter.com/explore", target="_blank",
        ❶style={"color": "red"}),
    className="two columns")
```

在以上代码清单中，❶为 style 属性指定了一个字典，其中键为 color，值为 red，就是在告诉浏览器用红色文本显示此链接。

下面通过向字典中添加另一个键值对，为该链接添加黄色背景色：

```
style={"color": "red", "backgroundColor": "yellow"}
```

注意，字典中的键是驼峰式字符串，比如 camelCased。在 Dash 中，style 字典中的键也要始终是驼峰式字符串，比如 backgroundColor。

接下来，将该链接的字体大小设置为 40 像素：

```
style={"color": "red", "backgroundColor": "yellow", "fontSize": "40px"}
```

Dash 的优点之一就是样式不仅限于 HTML 组件，用户还可以对核心组件设置样式，比如 Dropdown。在以下示例中，为了把下拉选项的文本颜色更改为绿色，在 dcc.Dropdown 中添加了 style 属性，参见代码清单 4-9。

代码清单 4-9：在 twitter_app.py 中为核心组件设置样式

```
html.Div(
    dcc.Dropdown(id="my-dropdown", multi=True,
        options=[{"label": x, "value": x}
            for x in sorted(df["name"].unique())],
        value=["taylorswift13", "cristiano", "jtimberlake"],
        style={"color": "green"}),
    className="three columns"),
```

运行以上代码，可以发现图 4-7 左下角显示的下拉选项不再是黑色，而是变为绿色。

2. 使用样式表

为了设置应用程序组件的样式，除了以上使用 style 属性的方法以外，还有第二种方法：通过元素或类来定义样式。通常，在样式实现需要大量代码时，用户会使用第二种方法。为了减少应用程序本身的代码量，在外部 CSS 样式表中使用样式代码。CSS 样式表也是可重用的，用户可以先定义一个特定的类一次，然后将其应用于多个组件。

下面将要使用的 CSS 样式表是 mystyles.css，该文件已经存在于保存下载资源的 assets 文件夹

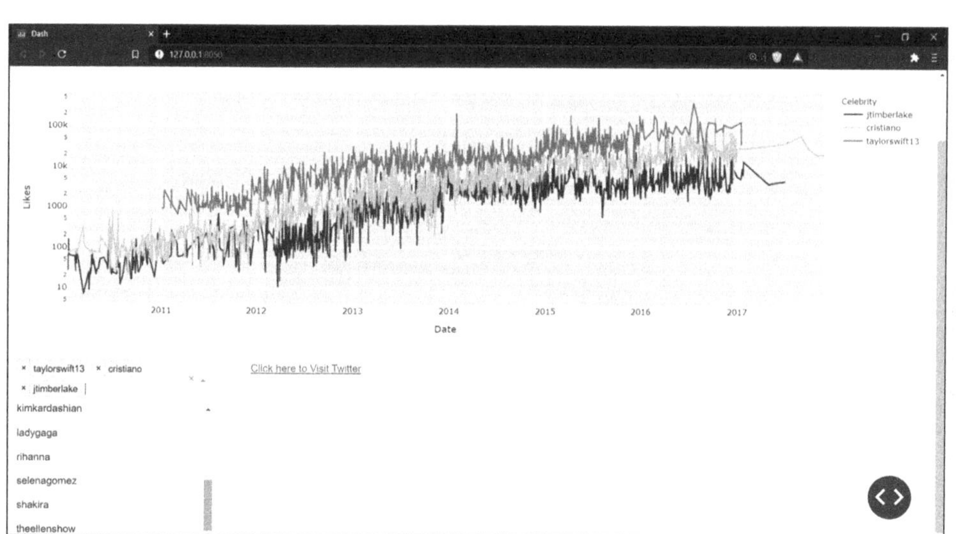

● 图 4-7　运行代码清单 4-9 可见下拉选项变为绿色

中。在 PyCharm 中双击该 CSS 样式表，或者在选中的文本编辑器中打开该 CSS 样式表，就会看到以下代码：

```
/*
h1 { font-size: 8.6rem; line-height: 1.35; letter-spacing: -.08rem;
margin-bottom: 1.2rem; margin-top: 1.2rem;}
*/
```

在上述代码中，“/*”是注释语法，为了启用样式，需要删除 CSS 代码上方和下方的“/*”与“*/”符号。CSS 代码中的 h1 是选择器（selector），指定了将要应用后续样式的元素，在本示例中是 h1 所有元素。在大括号内，对将要在应用程序内设置各种样式的属性和属性值进行声明。在此示例中，将元素的字体大小设置为 8.6，行高设置为 1.35，字母间距设置为-0.08，上下边距设置为 1.2。

下面展示应用程序中的 H1 标题组件如何使用上述 CSS 样式表，详见代码清单 4-10。

代码清单 4-10：twitter_app.py 中的 html.H1 组件

```
html.Div(html.H1("Twitter Likes Analysis of Famous People",
            style={"textAlign": "center"}),
    className="row"),
```

从 html.H1 到 html.H6 组件，都可以用于定义标题，H1 代表最高标题级别，H6 代表最低标题级别。图 4-8 展示了 H1 标题样式的外观效果。

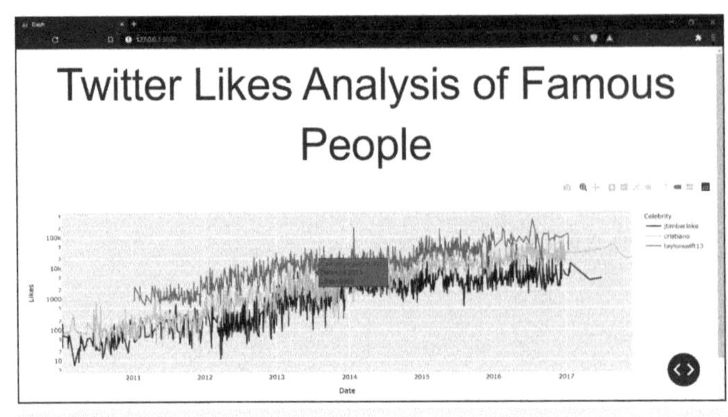

● 图 4-8　应用了 CSS 样式的标题

将图 4-8 与图 4-6 进行比较，可以看到该应用程序标题的字体变得更大，标题周围的顶部和底部边距空间也变得更大，而各个字母之间的空间变得更小。如果应用了 CSS 样式之后，用户的应用程序标题大小没有发生以上变化，请重新启动该应用程序，再查看效果。

如果用户希望将标题恢复为较小的字体，只需要重新插入“/＊”和“＊/”符号，这样就可注释掉 CSS 代码，如下所示。

```
/*
h1 { font-size: 8.6rem; line-height: 1.35; letter-spacing: -.08rem;
margin-bottom: 1.2rem; margin-top: 1.2rem;}
 */
```

到目前为止，本书已经介绍了如何使用纯 Python 来设置应用程序的样式和布局，这仅仅是起始阶段。第 5 章将详细讲解 dash-bootstrap-components 组件，可以使仪表板应用程序的布局设计与样式更加便捷和多样化。

4.2 Dash 组件

本节介绍 Dash 中的一些常用组件，这些组件来自 dash-html-components 库和 dash-core-components 库。虽然还有其他许多组件库，甚至用户自己编写的组件库，但是 dash-html-components 和 dash-core-components 两个库已经涵盖了我们需要的大部分基本功能。HTML 组件通常用于构建网页的布局，比如 Div、Button、H1 和 Form 等。Core 组件（比如 Dropdown、Checklist、RangeSlider 等）用于创建交互式体验。HTML 和 Core 组件都可以通过属性增加其功能，关于组件属性的完整列表，请访问 https://dash.plotly.com/dash-core-components 网站上有关 HTML 和 Core 组件的 Dash 文档。

4.2.1 HTML 组件

Dash HTML 组件由 Python 语言编写而成，并且会自动转换为 HTML 代码，因此无须成为 HTML和 CSS 专家也可以使用 Dash 应用程序。如以下 Python 代码：

```
<h1> Twitter Likes Analysis of Famous People </h1>
```

基本等同于由网络浏览器读取的 HTML 代码：

```
html.H1("Twitter Likes Analysis of Famous People")
```

由此可见，用户单纯使用 Python 就可以编写完整的仪表板应用程序。

要创建 HTML 组件，可在 html 关键字和组件名称之间使用点符号“.”。例如，对于 Div 组件，可以使用 html.Div。前文中还出现过另外两个 HTML 组件：html.H1，用于创建顶级标题；html.A，用于创建超链接。下面展示如何使用 html.H1 来呈现页面的标题，页面标题为以下字符串：

```
html.H1("Twitter Likes Analysis of Famous People")
```

下面将该字符串分配给 children 属性，该属性通常是任何接受 children 的组件的第一个位置参数。在本文中，children 则是一个将组件或元素（如文本标签）放置在另一个组件中的属性。完整代码如下所示：

```
html.H1(children="Twitter Likes Analysis of Famous People")
```

在以下代码的前三个示例中，children 属性将一些文本内容添加至页面。在最后一个示例中，通过 html.Div，children 属性将 html.H1 组件添加至页面，该页面上也有文本内容。children 属性可以是整数、字符串、Dash 组件或组件列表。代码如下：

```
html.H1(children=2),
html.H1(children="Twitter Likes Analysis of Famous People"),
html.H1(children=["Twitter Likes Analysis of Famous People"]),
html.Div(children=[
    html.H1("Twitter Likes Analysis of Famous People"),
    html.H2("Twitter Likes Analysis of Famous People")
])
```

下面的 html.A 组件创建了<a> HTML5 元素，该组件用于创建超链接。在这个组件中使用了 4 个属性：id、children、href、target，详见代码清单 4-11。

代码清单 4-11：twitter_app.py 中的 HTML 超链接组件

```
html.A(id="my-link", children="Click here to Visit Twitter",
        href="https://twitter.com/explore", target="_blank")
```

以上 href 的值是超链接地址，用户单击该链接就可以访问目标网站。target 属性指示超链接将在何处打开：如果其赋值为_self，则超链接将在用户所打开浏览器的当前选项卡中打开；如果其分配值为_blank，则超链接将在浏览器的新选项卡中打开。children 属性定义了该组件的内容，此处为一个字符串，展示了用户在页面上所见超链接的文本。

id 是一个重要属性，因为 Dash 组件使用 id 来识别彼此并进行交互，这样就为仪表板应用程序提供了交互功能。本章将在后续"回调装饰器"（Callback Decorator）部分对其进行详细介绍。目前，读者只需要注意，分配给 id 的值必须是唯一的字符串，这样才可以用它来标识组件。

4.2.2 Core 组件

Dash Core 组件是 Dash 库中的预构建组件，用户使用该组件可以用直观的方式与应用程序进行交互。在本应用程序中，使用了两个 Core 组件：Graph 和 Dropdown。如果要构建或访问某个 Core 组件，那么可以在组件名称前使用关键字 dcc 和点符号，例如 dcc.Dropdown。

1. Graph 组件

Graph 组件的功能是以绘图、图表或使用 Plotly 编写的图形的形式在应用程序中实现数据可视化。Graph 组件是最受欢迎的核心组件之一，几乎所有的数据分析仪表板应用程序都会用到该组件。

Graph 组件有两个主要属性：id 和 figure。以下是定义 Graph 组件的格式：

```
dcc.Graph(id="line-chart", figure={})
```

id 属性为 Graph 组件提供了唯一的 ID 标识。figure 属性是 Plotly 图表的占位符。创建 Plotly 图表后，将把它分配给 figure 属性来代替空字典。例如，在本应用程序中，使用代码清单 4-12 中的 line 创建了 Plotly 折线图。

代码清单 4-12：在 twitter_app.py 中创建 Plotly 图表

```
import plotly.express as px

--snip--

fig = px.line(data_frame=df_filtered, x="date_time",
        y="number_of_likes",color="name", log_y=True)
```

关于 Plotly 图表，将在本章后续内容“Plotly Express 折线图”中进行介绍。上述代码只是简单地描述了图表的外观并将其分配给 fig 对象，使其成为 Plotly 图形。下面可以将 fig 插入 dcc.Graph 的 figure 属性，这样就可以在页面上显示折线图。代码清单 4-13 展示了 twitter_app.py 文件中用于在页面上显示 Plotly 图形的 app.layout 布局代码。

代码清单 4-13：在 twitter_app.py 中将图表置入 Graph 组件

```
html.Div(dcc.Graph(id="line-chart", figure=fig), className="row")
```

将 Graph 组件放在 Div 组件中，并将其分配给页面上的一行，然后激活完整的应用程序脚本，折线图就会跃然于页面上。

有关 Dash Graph 组件及其用法的完整视频教程，请观看 https://learnplotlydash.com 上的视频“All About the Graph Component”。

2. Dropdown 组件

Dropdown 组件允许用户从下拉菜单中选择选项，以便动态过滤数据和更新图表。代码清单 4-14为 Dropdown 组件的 id、multi、options、value 四个属性提供值。菜单效果如图 4-9 所示。

代码清单 4-14：在 twitter_app.py 中创建 Dropdown 组件

```
dcc.Dropdown(id="my-dropdown", multi=True,
             options=[{"label": x, "value": x}
                      for x in sorted(df["name"].unique())],
             value=["taylorswift13", "cristiano", "jtimberlake"])
```

multi 属性决定了用户是一次可以选择多个值还是一次只能选择一个值。当此属性设置为 True 时，应用程序允许用户选择多个值。当此属性设置为 False 时，应用程序只允许用户选择一个值。

options 属性呈现出用户在单击 Dropdown 时可以选择的值。我们为它分配了一个由“label”和“value”键值对组成的字典列表，其中每个字典代表一个菜单选项。label 是用户看到的选项名称，value 是应用程序实际读取的数据。

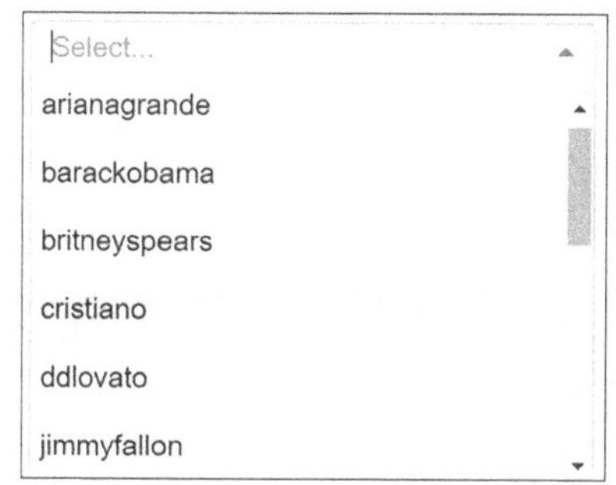

图 4-9　应用程序的 Dropdown 选项

在以上代码清单 4-14 中，使用了列表推导式（list comprehension）为字典列表赋值。列表推导式是一种 Python 快捷方式，可以根据其他列表（或任何其他 Python 可迭代对象）的值创建一个新列表。对于 pandas DataFrame 内 name 列中的每个唯一值，这一行都会创建一个键值对的字典。

与上述情况相反，如果下拉列表仅有少数几个值，可以简单、直接地写出每一个字典，而没有必要使用列表推导式。例如，代码清单 4-15 构建的下拉列表只有两个值：taylorswift13 和 cristiano。

代码清单 4-15：twitter_app.py 中的 Dropdown 示例

```
dcc.Dropdown(id="my-dropdown", multi=True,
             options=[{"label": "Taylor", "value": "taylorswift13"},
                      {"label": "Ronaldo", "value": "cristiano"}]
)
```

上述代码清单使用了 DataFrame 中的值，这样更加易于过滤。其实可以为 label（键）选择对用户更加友好的表示方式，这样更加易于被用户识别。当用户单击下拉列表时，就会看到 Taylor 和 Ronaldo 两个选项，应用程序将分别读取其对应的值 taylorswift13 和 cristiano。

value 属性是第四个属性（请读者注意不要将这个属性与字典的 value 值相混淆）。value 属性包含了用户在启动应用程序时 Dropdown 的默认值。由于此处为多值 Dropdown，因此使用 DataFrame 中 name 列的 3 个字符串（taylorswift13、cristiano、jtimberlake）作为初始值，这 3 个字符串与代码清单 4-14 中 options 属性生成的值相对应。由于字符串是预加载的，因此在用户单击下拉菜单之前会自动选择这 3 个值。一旦用户在下拉菜单中选择了某一特定的值，这 3 个字符串初始值就会发生改变。

有关 Dash Dropdown 组件及其用法的完整视频教程，请观看 https://learnplotlydash.com 上的视频“Dropdown Selector”。

4.3 Dash 回调

Dash 仪表板应用程序通过 Dash 回调实现交互：当输入组件的属性发生变化时，自动调用编写好的 Python 函数，换言之，Dash 回调是将 Dash 组件相互连接的机制，因此执行一个操作会导致其他操作发生。比如，当用户在下拉列表中选择某一个值时，数据就会更新；当用户单击某一个按钮时，应用程序标题的颜色就会发生变化，另一个图表就会出现在该页面中。如果使用 Dash 回调，则其内部组件之间可以进行无限交互。如果不使用 Dash 回调，那么应用程序就是静态的，用户无法对其内容做出任何修改。

Dash 回调包含两个部分：其一是在布局部分定义的标识相关组件的回调装饰器；其二是定义 Dash 组件应如何交互的回调函数。

其一，回调装饰器，如下所示：

```
@app.callback()
```

其二，回调函数，如下所示：

```
def function_name(y):
    return x
```

在 twitter_app.py 这个简单的应用程序中，只有一个 Dash 回调；但是在更复杂的应用程序中，就会有很多 Dash 回调。

4.3.1 回调装饰器

回调装饰器（Callback Decorator）会将回调函数注册到用户的 Dash 应用程序中，告诉该应用程序何时调用函数以及如何使用函数的返回值来更新该应用程序。（参阅本书第 1 章中装饰器相关内容。）

在代码中，回调装饰器应该放在回调函数的正上方，而且回调装饰器和函数之间不能有空格。回调装饰器有两个主要参数：Output 和 Input，针对用户输入（Input）组件的操作做出响应，进而改变输出（Output）组件。在代码清单 4-16 中，输出为折线图，该输出是对用户在 Dropdown 组件中的输入改变所做出的响应，换言之，输入变化时，输出也随之变化。

代码清单 4-16：twitter_app.py 中的回调装饰器

```
@app.callback(
    Output(component_id="line-chart", component_property="figure"),
    [Input(component_id="my-dropdown", component_property="value")],
)
```

以上 Output 和 Input 都有两个参数：component_id 和 component_property。其中 component_id 对应于特定 Dash 组件的 id，component_property 对应于同一组件的特定属性。在代码清单 4-16 中，Input 中的 component_id 指向之前定义过的 Dropdown 中的 my-dropdown；component_property 特指 my-dropdown 的 value 属性，即要展示的 Twitter 用户数据，初始设置为 ["taylorswift13", "cristiano", "jtimberlake"]，如代码清单 4-14 所示。Output 中引用了 dcc.Graph 的 figure 属性，该属性之前也已经在布局中定义，如代码清单 4-17 所示。

代码清单 4-17：twitter_app.py 中布局内的 Graph 组件

```
dcc.Graph(id="line-chart", figure={})
```

以上 figure 属性目前只是一个空字典，将来回调函数会根据输入来创建折线图并将其分配给

figure。下面将介绍回调函数，帮助读者充分了解上述过程。

4.3.2 回调函数

在我们创建的应用程序中，回调函数（Callback Function）为 update_graph()，其中包含一系列 if-else 语句用于过滤 DataFrame 对象 df，并根据所选的输入值创建折线图，详见代码清单 4-18。

代码清单 4-18：twitter_app.py 中的回调函数

```
def update_graph(chosen_value):
print(f"Values chosen by user: {chosen_value}")

    if len(chosen_value) == 0:
        return {}
    else:
        df_filtered = df[df["name"].isin(chosen_value)]
        fig = px.line(
            data_frame=df_filtered,
            x="date_time",
            y="number_of_likes",
            color="name",
            log_y=True,
            labels={
                "number_of_likes": "Likes",
                "date_time": "Date",
                "name": "Celebrity",
            },
        )
        return fig
```

在逐行分析以上代码的逻辑之前，首先介绍 update_graph()函数实现了什么功能。在执行 update_graph()时，返回一个名为 fig 的对象，在本例中，该对象包含了 Plotly Express 折线图。fig 对象返回到已在回调装饰器的 Output 中指定的组件和属性，该回调装饰器是布局中的一个 Dash 组件。然后，fig 被分配给布局中 Graph 组件的 figure 属性，因此这个回调函数的功能是在应用程序中显示一个折线图。回调函数 update_graph()运行之后，Graph 组件成为：

```
dcc.Graph (id="line-chart", figure=fig)
```

现在 figure 属性已经被分配了 fig 对象，而不再是最初代码清单 4-17 中的空字典状态。

综上所述，一旦回调函数被用户输入激活，就会返回一个对象，该对象会连接到回调装饰器中 Output 组件的属性 component_property。由于该组件属性是应用程序布局中组件的实际属性，因此该应用程序就成为可以通过用户交互不断更新的应用程序。

有关 Dash 回调装饰器及其用法的完整视频教程，请观看位于 https://learnplotlydash.com 的视频："The Dash Callback—Input, Output, State, and More"。

1. 激活回调函数

为了激活回调函数，用户必须在回调装饰器内与 Input 中指定的组件进行交互。在此应用程序中，组件属性代表了下拉列表 Dropdown 中的值，因此每当应用程序的用户选择不同的下拉列表值（Twitter 账号）时，回调函数就会被激活。

如果回调装饰器中有 3 个 Input，就需要提供 3 个参数来触发回调函数。在上述例子中，回调装饰器中只有一个 Input；因此，回调函数只能接受一个参数——chosen_value。

2. 函数的运作过程

代码清单 4-19 展示了这款应用程序中回调函数的运作过程。

代码清单 4-19：twitter_app.py 中的回调函数

```
❶ def update_graph(chosen_value):
    print(f"Values chosen by user: {chosen_value}")

  ❷ if len(chosen_value) == 0:
        return {}
    else:
        df_filtered = df[df["name"].isin(chosen_value)]
        fig = px.line(
            data_frame=df_filtered,
            x="date_time",
            y="number_of_likes",
            color="name",
            log_y=True,
            labels={
                "number_of_likes": "Likes",
                "date_time": "Date",
                "name": "Celebrity",
            },
        )
        return fig
```

参数 chosen_value❶指的是 dcc.Dropdown 的值，是一个 Twitter 用户名列表。每当用户选择一个新的选项时，该函数就会被激活。用户可以选择任意数量的人名，chosen_value 列表中的项数就会相应地增加或减少，该列表可能包含 3 个值、10 个值，也可能 0 个值。因此，需要检查 chosen_value 列表❷的长度。如果长度等于 0，就是一个空列表，那么该函数就会返回一个空字典，返回的 fig 对象为一个空图表。

如果 chosen_value 列表的长度不为 0，那么在 else 分支中，使用 pandas 对 DataFrame 进行过滤，仅包含所选 Twitter 用户名的那些行。过滤后的 DataFrame 保存到 df_filtered 中，用作创建该折线图的数据，该折线图另存为 fig 对象。返回 fig 对象就是将折线图显示在应用程序页面上。

关于回调函数，请读者注意：正如我们在创建 df_filtered 时所做的那样，无论对原始 DataFrame 做任何修改，都应该始终复制原始 DataFrame。如代码清单 4-2 所示，需要在应用程序开头就定义原始 DataFrame，使之成为全局变量。谨记，永远不要更改全局变量，因为这样做会对其他用户产生不良影响。例如，如果用户在财务仪表板应用程序中更改全局变量 price_values，那么所有用户看到的都是更改后的价格，这样做可能会造成重大错误和混乱。

4.3.3 回调图表

Dash 拥有强大的回调图表工具，可以显示回调的结构并描述元素间的联系。当回调函数具有多个 Input 和 Output 时，很难掌握回调结构，因此在定义回调函数时应使用图表工具。要打开回调图表，可单击应用程序页面右下角的蓝色按钮，如图 4-10 所示。

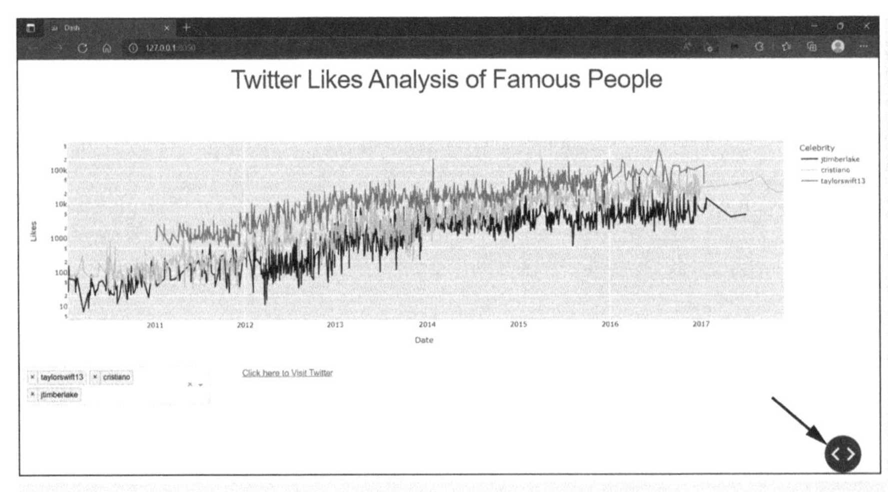

● 图 4-10 单击右下角的按钮打开菜单

然后单击灰色的回调按钮，如图 4-11 所示。

将看到以下结果，如图 4-12 所示。

在图 4-12 中，左边的元素是 Input 的组件属性，中间的元素描述了回调在此会话中被触发的次数（本例中为一次）以及回调执行所花费的时间（614 毫秒），右侧的元素是 Output 的组件属性。该图可以清楚地描绘出折线图的图形（Output）是如何随 Dropdown 中的值（Input）的改变

而改变的。

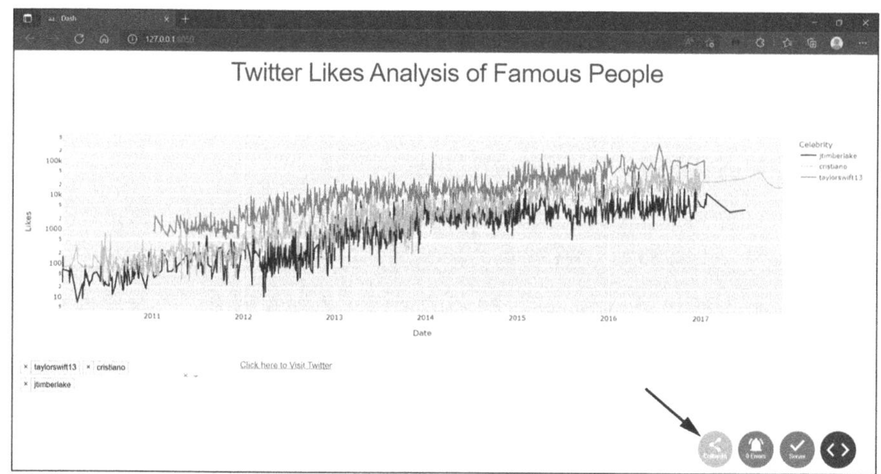

● 图 4-11　单击回调按钮查看回调图表

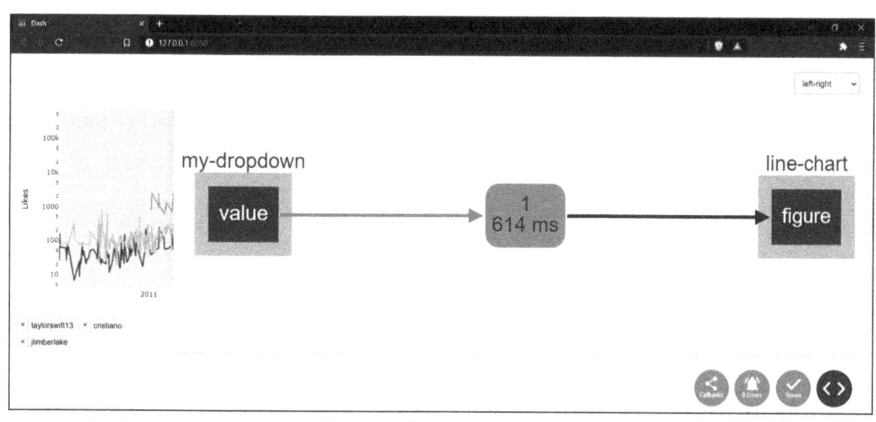

● 图 4-12　twitter_app.py 的回调图表

下面我们会看到，更改应用程序主页上的下拉列表 Dropdown 中的人名就会触发回调。请观察中间的绿色元素有什么变化。再来试试单击图 4-12 中左边的元素和右边的元素，将会看到更多的信息。

注意，在将该应用程序部署到 Web 之前，请使用 debug=False 关闭调试模式，这样可以确保关闭该图表，否则，每个访问用户都可以查看该图表。

4.4 Plotly Express 折线图

本节首先回顾如何创建 Plotly 图表。由于此应用程序中使用的是折线图，因此本节将重点介绍折线图，其他类型的图表将在后续章节中进行讲解。

Plotly Express 是一个可以快速、直观地创建图形的高级可视化工具，包含多种图形可供选择，适用于科学、统计、金融图表、3D 图表、地图等。每个图形都有多个属性，可以根据用户的需要自定义图形。以下是 Plotly Express 折线图可用属性的完整列表，所有属性当前均设置为 None。

```
plotly.express.line(data_frame=None, x=None, y=None,line_group=None, color=None, line_dash=None, hover_name=None, hover_data=None, custom_data=None, text=None, facet_row=None, facet_col=None, facet_col_wrap=0, facet_row_spacing=None, facet_col_spacing=None, error_x=None, error_x_minus=None, error_y=None, error_y_minus=None, animation_frame=None, animation_group =None, category_orders={}, labels={}, orientation=None, color_discrete_sequence=None, color_discrete_map={}, line_dash_sequence=None, line_dash_map={}, log_x=False, log_y=False, range_x =None, range_y=None, line_shape=None, render_mode='auto', title=None, template=None,width =None, height=None)
```

以上 Plotly Express 折线图属性看似烦杂，其实在大多数情况下，创建图形只需要了解前 3 个属性：data_frame、x 和 y，在以上列表中以粗体显示。其中第一个属性 data_frame，代表 DataFrame；第二个属性 x，代表 x 轴的数据列；第三个属性 y，代表 y 轴的数据列。下面将绘制一个非常简单的折线图。

```
import plotly.express as px
px.line(data_frame=df, x="some_xaxis_data", y="some_yaxis_data")
fig.show()
```

上述代码创建了一个最基本的折线图，展现两个数据列之间的关系，如图 4-13 所示。

随着用户对 Plotly Express 熟悉程度的增加，会越来越多地自主添加图形属性。比如，为了用颜色区分数据组，就会添加一个 color 属性，并从 DataFrame 中为其分配列，如下所示。

```
px.line(data_frame=df, x="some_ xaxis _data", y="some_yaxis_data", color="some_data " )
```

结果就会生成如图 4-14 所示图表。

为了更改图表的高度，可以添加 height 属性，并为其指定像素，如下所示。

```
px.line(data_frame=df, x="some_xaxis_data", y='some_yaxis_data', height=300 )
```

这样，就将整个图表的高度设为 300 像素。

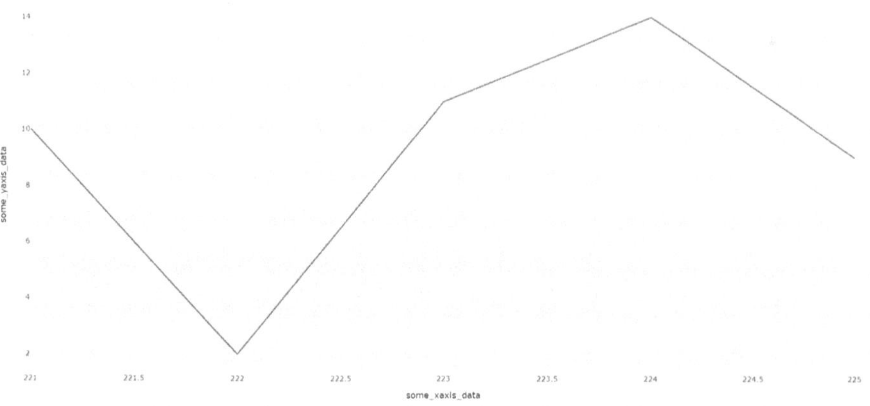

● 图 4-13　最简单的折线图

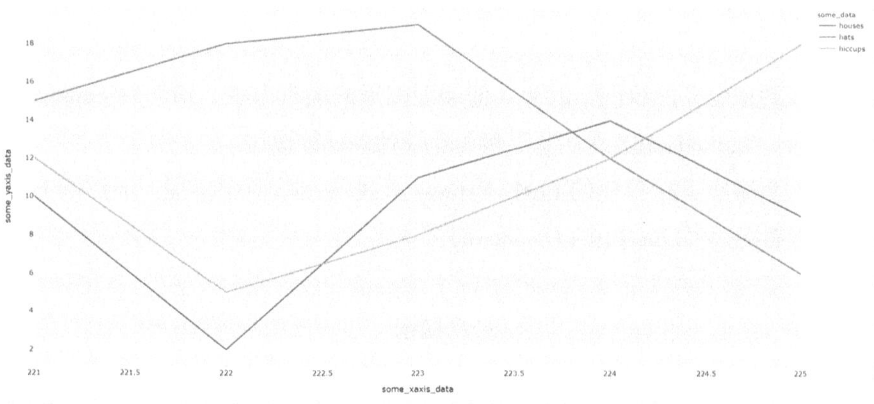

● 图 4-14　为简单图表添加 color 属性

在本书的 Twitter Likes Analysis 应用程序中，折线图包括 data_frame、x、y、color 属性，以及 labels 和 log_y 属性，详见代码清单 4-20。

代码清单 4-20：twitter_app.py 中的 Plotly 折线图

```
fig = px.line(
    data_frame=df_filtered,
    x="date_time",
    y="number_of_likes",
    color="name",
```

```
    log_y=True,
    labels={
        "number_of_likes": "Likes",
        "date_time": "Date",
        "name": "Celebrity",
    },
)
```

log_y 属性告诉应用程序在 y 轴数据上使用对数刻度。当图表中有几个数据点比其他大部分数据大得多或小得多时，建议使用对数缩放，这样可以使可视化更加清晰。这里不详细介绍对数刻度，而只是将 log_y 属性从 True 更改为 False，然后刷新该应用程序，就会看到更新后的图形。读者是否更喜欢更新后的图形？

labels 属性用于更改用户可以看到的轴标签。在本示例中，用于绘制折线图的三列标签分别是date_time（x 轴）、number_of_likes（y 轴）、name（颜色）。这些是 pandas DataFrame 中列的名称，必须保持它们的格式和拼写无误，以匹配到正确的列。通过 labels 属性，可以更改用户在应用程序页面上看到的内容，这样就对用户更加友好，比如，可以将 number_of_likes 轻松地变成 Likes。

如果读者想了解自定义折线图，以及其他类型图形的所有方法，请访问 https://plotly.com/python-api-reference，在 Plotly 文档中可以了解每个属性的详细描述。

如果读者想观看带有下拉菜单的 Plotly Express 折线图完整视频教程，请访问 https://learnplotlydash.com，观看视频“Line Plot（Dropdown）”。

工具提示

其实还有一个非常常见的属性 hover_data，但在以上应用程序中并没有用到。hover_data 属性可以让用户的鼠标光标悬停于图形的特定元素上时，在弹出的提示工具中提供额外信息，分配给 hover_data 的值可以放在列表或字典中。

如果将分配给 hover_data 的值放在列表中，则图形的提示工具中就会包括列表中的值。例如，使用 number_of_shares 列作为 hover_data 列表，提示工具就会包括用户鼠标所指向的各线条上的数据信息。要实现以上操作，请对代码进行以下更改，并重新运行该应用程序：

```
fig = px.line(data_frame=df_filtered, x="date_time", y="number_of_likes",

            color="name", hover_data=["number_of_shares"])
```

提示信息的差异效果，如下图所示。

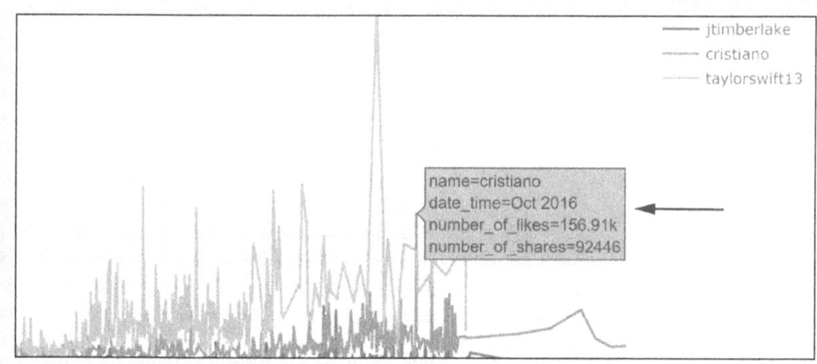

提示工具示例：提示数据中包含“number of shares”

完成以上操作后，请确保删除以上更改。

如果没有将分配给 hover_data 的值放在列表中，而是放在字典中，那么键为 DataFrame 列，值为布尔值，布尔值为 True 时，在提示工具中显示数据，布尔值为 False 时，则不显示数据。例如，如果将 number_of_likes 列添加为字典的键，将 False 添加为字典的值，那么在提示工具中将不再显示每个名人的点赞数据，代码如下：

```
hover_data={"number_of_likes": False}
```

还可以使用 hover_data 字典来格式化提示工具中看到的数据。例如，默认情况下，number_of_likes 以字母“k”进行计数，1k 表示 1000，200k 表示 200,000。然而，如果更喜欢采用完整的数字形式进行计数，并用逗号作为分隔符，比如 200,000，就需要使用以下代码：

```
hover_data={"number_of_likes":':,'}
```

4.5 小结

本章介绍了基本 Dash 应用程序的几个重要元素：用于编写应用程序的 Python 库、数据、Dash 的 HTML 和 Core 组件，还介绍了如何使用布局在页面上排放应用程序的各个组件，如何使用回调将各组件相互连接并创建交互性，以及如何使用 Plotly Express 图形库。下一章将帮助读者在掌握本章知识的基础上，开发更加复杂的 Dash 应用程序。

全球数据分析：布局和图形进阶

通过构建比较复杂的应用程序，本章将帮助读者扩展 Dash 开发技能。该应用程序可以比较和分析 3 个全球数据指标（indicators）：互联网普及率、议会中女性占比、二氧化碳的排放量。通过更加深入地学习 Dash 回调，读者将学会绘制等值线地图（choropleth map），该地图以各种阴影和颜色来展示地图上某些空间区域（比如某国家、某州、某省等）内的定量数据。本章还将介绍一种使用 dash-bootstrap-components 来管理布局和样式的新方法，它是一个布局库，有助于开发者更加轻松地构建具有复杂响应式布局的应用程序。

为了给这款应用程序采集数据，我们将使用 pandas 访问世界银行应用程序接口（API）。API（Application Programming Interface，应用程序编程接口）是一些预先定义的函数，目的是为用户提供访问应用程序的能力，并将请求数据返回到调用 API 的应用程序中。

到本章结束时，读者就能够更加自如地在地图上绘制数据、管理更高级的布局、理解回调、使用 dash-core-components 组件。下面先来学习如何设置应用程序和编写相应的代码。

5.1 设置项目

与通常创建项目的步骤相同，首先需要创建项目文件夹，用于存放应用程序的代码。本章创建了一个名为 world-bank-app 的新项目文件夹。在第 4 章的开头，读者已经从网站 https://github.com/DashBookProject/Plotly-Dash 中下载过 ZIP 文件，请从 ZIP 文件中找到 Chapter-5（第 5 章）文件夹。该文件夹中包含两个文件：worldbank.py 和 our_indicator.py。将这两个文件复制到 world-bank-app 文件夹中，如下所示：

```
- world-bank-app
 |--our_indicator.py
 |--worldbank.py
```

还需要 4 个库：常用的 pandas 库和 Dash 库，以及 dash-bootstrap-components 和 pandas datareader。在 PyCharm 或者用户自己选择的 Python IDE 中打开命令提示符（Mac 用户的 Terminal）或 Terminal 选项卡，然后，逐行输入以下内容来安装以上 4 个库：

```
$ pip install pandas
$ pip install dash
$ pip install dash-bootstrap-components
$ pip install pandas-datareader
```

为了查看以上 4 个库是否已正确安装，请输入下列命令：

```
$ pip list
```

这样就会显示出当前已安装的所有 Python 包。如果其中没有列出我们需要的 4 个库，请尝试重新运行以上相关的 install 安装代码。

在介绍代码之前，先来检查一下这款应用程序。首先，在用户的 IDE 中打开 worldbank.py 并运行该脚本，就会看到一条带有 HTTP 链接的消息。然后，单击该链接或将其复制到用户的网络浏览器中：

```
Dash is running on http://127.0.0.1:8050/
    * Serving Flask app "worldbank" (lazy loading)
    * Environment: production
    WARNING: This is a development server. Do not use it in a production deployment.
    Use a production WSGI server instead.
    * Debug mode: on
```

这样就会看到 World Bank Data Analysis 仪表板应用程序了。

自己动手试试看！使用滑块可以更改日期，使用单选按钮可以从世界银行数据的 3 个指标（互联网普及率、议会中女性占比、二氧化碳的排放量）中选择一个。将鼠标光标悬停在某些国家或地区，就可以比较这些国家或地区的相关数据。您将会发现议会中女性比例最高的国家或地区、互联网普及率涨幅最大的国家或地区。现在我们已经对这款应用程序有了初步了解，下面将对其代码进行详细讲解。

5.1.1 导入两个新库

在 World Bank Data Analysis 仪表板应用程序中，引入了两个新的 Python 库：dash-bootstrap-components 和 pandas datareader。

dash-bootstrap-components 是一个组件库，它使构建具有复杂响应式布局的应用程序变得更加轻松。Bootstrap 提供的组件可以让用户更加精确地将应用程序的各元素放置在页面上，还可以创建更多的组件，比如图形和单选按钮，并以非常详细的方式对每个元素进行样式设置。它基本上是内置 Dash 布局功能的附加组件。

在第 4 章中，我们介绍过使用 pandas 来过滤和准备数据，这里依然如此。在此基础上，World Bank Data Analysis 应用程序还将使用 pandas datareader，它是一个 pandas 扩展，通过 API 检索数据并根据该数据创建 DataFrame。pandas datareader 具有从多种常见互联网资源检索数据的方法，比如纳斯达克、加拿大银行、世界银行等。我们的 World Bank Data Analysis 仪表板应用程序数据来自世界银行，因此要访问这些数据，就需要从 pandas datareader 中导入 wb（世界银行）模块，详见以下代码清单 5-1。

代码清单 5-1：worldbank.py 应用程序的导入部分

```
import dash_bootstrap_components as dbc
from pandas_datareader import wb
```

5.1.2 数据管理

下面介绍数据管理代码，将从世界银行 API 检索的数据整合到我们的应用程序中，然后清理数据，剔除有错误的值，仅提取需要的数据，并将这些数据与另一个 DataFrame 合并以获得缺失的值。

1. 连接 API

API 对接可以让我们的应用程序动态检索数据，允许添加和更改正在读取的数据，而无须更改和上传静态 Excel 文件。通过 pandas datareader 连接到 API，能够根据请求立即将新数据传输到应用程序中。

请务必注意，为了防止 API 不堪重负，某些 API 会对个人发出的请求数量加以限制。如果超过该限制，那么用户可能会被阻止在一定时间内发出更多请求。在请求之间设置超时可以有效避免 API 过载。

wb 模块包含检索世界银行不同类型数据的函数。例如，将指标（indicator）作为参数传递给 download( ) 函数，将从世界银行的世界发展指标（World Bank's World Development Indicators）中提取信息，而 get_countries( ) 函数将查询有关特定国家或地区的信息。World Bank Data Analysis 应用程序将重点关注以上两个函数。

首先将必要的国家或地区数据下载到 World Bank Data Analysis 应用程序中，详见代码清单 5-2。

代码清单 5-2：通过世界银行 API 将国家或地区信息数据下载到 worldbank.py 应用程序

```
  countries = wb.get_countries()
  countries["capitalCity"].replace({"": None}, inplace=True)
❶ countries.dropna(subset=["capitalCity"], inplace=True)
❷ countries = countries[["name", "iso3c"]]
  countries = countries[countries["name"] != "Kosovo"]
  countries = countries.rename(columns={"name": "country"})
```

在以上代码中，首先，连接到世界银行 API 并使用 get_countries( ) 来提取所有国家或地区的名称。但是，数据并不像我们希望的那样“干净”“整洁”，因为有些行的数据是区域名称而不是国家或地区名称。例如，使用以下命令输出前 10 行数据：

```
countries = wb.get_countries()
print(countries.head(10)[['name']])
exit()
```

就会发现，第 1 行包含“Africa Eastern and Southern”（非洲东部和南部）区域，而我们的应用程序只关注国家或地区，所以使用 dropna( )，通过删除所有缺少首都城市的行（第❶行代码）来排除区域名称，这样就可以只保留国家或地区名称。

为了在地图上绘制点，Plotly 需要使用国家或地区代码而不是国家或地区名称，因此接下来需要为应用程序提供国家或地区代码。这些代码被称为 alpha-3 或 ISO3 代码，每个国家或地区都有不同的代码，比如奥地利的代码是 AUT，阿塞拜疆的代码是 AZE，布隆迪的代码是 BDI。

对于 get_countries( ) 返回的信息，只需要国家或地区名称和国家或地区代码，而不需要其他列的信息，因此需要将 DataFrame 限制为两个必要的列：name 列和 iso3c 国家或地区代码列（第❷行代码）。

本书作者之前曾使用我们的应用程序进行测试，发现科索沃地区的 ISO3 数据已损坏，因此要过滤DataFrame，删除“科索沃”行的数据。最后，将 name 列重新命名为 country，目的在于使 DataFrame 稍后能够更容易地与另一个 DataFrame 进行合并（详见代码清单 5-4）。

2. 识别指标

在国家或地区名称 DataFrame 建好之后，就需要从世界银行数据中提取我们所需的 3 个指标的相关数据：互联网普及率、议会中女性占比、二氧化碳的排放量。首先需要找到指标的确切名称，然后找到其各自的 ID，以便精准查询 API。我们将直接从世界银行网站上检索指标名称：https://data.worldbank.org/indicator。为了获取互联网普及率指标的名称，可单击页面顶部的 All

Indicators（所有指标）选项卡。然后，在 Infrastructure 部分的下面，单击 Individuals Using the Internet（% of Population）［使用互联网的用户（人口百分比）］。Individuals Using the Internet（% of Population）就是将要在我们的应用程序中使用的指标的确切名称。如果世界银行网站对指标的名称进行了更改，那么我们也必须做出相应改变，确保名称准确无误。如果读者遇到其他困难，请留意本书在线资源中的代码更新。

接下来，使用指标名称，以及随本书资源下载的 our_indicator.py 文件，获取指标的 ID。在用户的项目文件夹中，在新的 IDE 窗口中打开 our_indicator.py 文件并运行：

```
df = wb.get_indicators()[['id','name']]
df = df[df.name == 'Individuals using the Internet (% of population)']
print(df)
```

这样，从世界银行网站相关的 DataFrame 中只抓取 name 列和 id 列中的条目，输出显示该指标的 ID：

```
        id                      name
8045    IT.NET.USER.ZS          Individuals using the Internet (% of population)
```

只需要将以上“Individuals using the Internet（% of population）”替换为其他两个指标的名称，重复以上过程，就可以从世界银行网站获取其余两个指标（“Proportion of seats held by women in national parliaments（%）”和“CO2 emissions（kt）”）的名称。当然，以上这些名称可能会不时地有所变更，因此，如果没有得到所需的结果，请务必搜索世界银行指标页面，并找到最接近的匹配项。然后，将这些指标名称和 ID 存储在 worldbank.py 文件的字典中备用，详见代码清单 5-3。

代码清单 5-3：在 worldbank.py 中定义指标

```
indicators = {
    "IT.NET.USER.ZS": "Individuals using the Internet (% of population)",
    "SG.GEN.PARL.ZS": "Proportion of seats held by women in national parliaments (%)",
    "EN.ATM.CO2E.KT": "CO2 emissions (kt)",
}
```

读者下载的主要代码已经包含上述 ID，但学会自己去搜索新的指标名称还是很有必要的，因为指标名称未来还会不定时地发生变化。

3. 提取数据

接下来，构建一个函数，用来下载世界银行这 3 个指标的历史数据，详见代码清单 5-4。这些数据被保存在名为 df 的新 DataFrame 中。

代码清单 5-4：在 **worldbank.py** 中下载历史数据

```
def update_wb_data():
    # 检索世界银行的特定数据
    df = wb.download(
        indicator=(list(indicators)), country=countries["iso3c"],start=2005, end=2016
    )
    df = df.reset_index()
    df.year = df.year.astype(int)

    # 将国家或地区 ISO3 ID 添加到主 df
    df = pd.merge(df, countries, on="country")
    df = df.rename(columns=indicators)
    return df
```

在以上代码中，首先使用 wb.download( ) 方法来检索数据，该方法有若干参数。第一个参数是 indicator，接收 indicator ID 的字符串列表，本示例为它分配了代码清单 5-3 中 indicator 字典的键；第二个参数是 country，接收国家或地区 ISO3 代码的字符串列表，本示例将代码清单 5-2 中创建的 countries DataFrame 的 iso3c 列分配给它；最后是 start 和 end 参数，可以定义希望提取数据的年份范围。本示例在 2016 年停止，因为 2016 年是世界银行拥有二氧化碳指标完整数据的最后一年。

然后重置索引。country 和 year 两列是索引的一部分，重置索引则更新了这两列的内容，并使 country 和 year 两列成为 DataFrame 列。重置之后，还增添了专用的整数索引列，有助于以后的筛选。下面展示了重置索引前后的 DataFrame，如代码清单 5-5 所示。

代码清单 5-5：重置索引前后的 **DataFrame** 对比效果

```
                        IT.NET.USER.ZS    SG.GEN.PARL.ZS    EN.ATM.CO2E.KT
country         year
Aruba           2016      93.542454         NaN         NaN
                2015      88.661227         NaN         NaN
                2014      83.780000         NaN         NaN
                2013      78.900000         NaN         NaN
                2012      74.000000         NaN         NaN
...             ...         ...             ...         ...
Zimbabwe        2009      4.000000         14.953271         7750.0
                2008      3.500000         15.238095         7600.0
                2007      3.000000         16.000000         9760.0
                2006      2.400000         16.666667         9830.0
                2005      2.400000         16.000000         10510.0
[2520 rows x 3 columns]
>>> df.reset_index()
```

```
      country      year       IT.NET.USER.ZS      SG.GEN.PARL.ZS   EN.ATM.CO2E.KT
0      Aruba       2016        93.542454               NaN              NaN
1      Aruba       2015        88.661227               NaN              NaN
2      Aruba       2014        83.780000               NaN              NaN
3      Aruba       2013        78.900000               NaN              NaN
4      Aruba       2012        74.000000               NaN              NaN
...     ...         ...          ...                   ...              ...
2515   Zimbabwe      2009        4.000000         14.953271        7750.0
2516   Zimbabwe      2008        3.500000         15.238095        7600.0
2517   Zimbabwe      2007        3.000000         16.000000        9760.0
2518   Zimbabwe      2006        2.400000         16.666667        9830.0
2519   Zimbabwe      2005        2.400000         16.000000        10510.0
[2520 rows x 5 columns]
```

由以上可见，在重置索引之前，country 和 year 是索引的一部分，但并不是与索引元素关联的结果行的一部分。在重置索引之后，country 和 year 都成为 DataFrame 的单独列，有助于以后轻松访问包含 country 和 year 数据的单独行。

另外，year 列中的值从字符串转换为整数，有助于以后使用 pandas 精确过滤数据。原始的 DataFrame 对象 df 不包含查询 API 所需的 ISO3 国家或地区代码，因此要从 DataFrame 的 country 中提取这些代码，并在 country 列上使用 pd.merge 合并这两个 DataFrame。最后，对这些列重新命名，以便这些列能够显示指标名称而不是 ID，提高用户的可读性。例如，以上 IT.NET.USER.ZS 列被重新命名为 Individuals using the Internet（% of population）。

update_wb_data( ) 函数现在已经完成，启动应用程序就会在第一个回调中调用该函数。详细内容将在本章后续内容中介绍。下面介绍如何使用 dash-bootstrap-components 来创建应用程序的布局和样式。

5.1.3 Dash Bootstrap 样式

Dash Bootstrap 是一款用于设计 Dash 应用程序样式的强大工具，可用于创建布局、设计应用程序的样式以及添加 Bootstrap 组件（比如按钮和单选项）。虽然在 dash-core-components 中也有按钮和单选项，但是 dash-bootstrap-components 各版本能够更好地兼容其他 Bootstrap 样式。此外，Bootstrap 还包含一些其他模块，将各种样式表主题以字符串形式进行存储，使我们可以便捷地使用指向这些模块的链接来对元素进行样式设置。

要将 Bootstrap 整合到 Dash 应用程序中，必须在导入部分的正下方，首先选择一个主题并将其分配给 external_stylesheets 参数，详见代码清单 5-6。

代码清单 5-6：worldbank.py 中 Dash 实例化

```
import dash_bootstrap_components as dbc
from pandas_datareader import wb

app = Dash(__name__, external_stylesheets=[dbc.themes.BOOTSTRAP])
```

Bootstrap 主题是一种在线托管的样式表，用于确定页面上元素的字体类型、颜色、形状和大小。

在此应用程序中，使用默认主题 BOOTSTRAP，该主题是主题列表中的第一个主题。Bootstrap 还有其他几个主题可供使用。要查看更多主题，可以访问网站 https://hellodash.pythonanywhere.com，单击页面左侧的 Change Theme 按钮，就可以根据需要切换应用程序的主题。注意，将某一主题分配给 external_stylesheets 参数时，务必使用确切名称，并将全部字母大写。对于每个应用程序而言，每次只能分配一个主题，因此，如果用户打算选择一个新主题，那么千万不要忘记替换掉原来的 BOOTSTRAP。

有关 Dash Bootstrap 的完整视频教程，请访问网站 https://learnplotlydash.com，观看视频“Complete Guide to Bootstrap Dashboard Apps”。

1. 布局

本书第 4 章曾介绍过“布局”，我们通常将应用程序的布局划定为网格，由 12 列和无限多的行组成。为了构建布局，首先需要创建容器来容纳所有的行和列，以及其中的组件。dbc.Container语法与 html.Div 非常相似，而且兼容 Bootstrap 样式。下面先声明行，然后声明每一行中的各列，最后把应用程序的各组件放在这些列中。其中最后一步定义了每个组件在页面上的位置。

本应用程序中创建布局的代码长达 80 行，为了清楚明了地展示给读者，以下代码清单 5-7 是其简化版本，只显示大致框架，忽略其中每个 html、dcc 和 dbc 组件中的属性。

代码清单 5-7：应用程序的布局（简化版）

```
app.layout = dbc.Container(
    [
        ❶dbc.Row(
            dbc.Col(
                [
                    html.H1(),
                    dcc.Graph()
                ],
                width=12,
            )
        ),
```

```
        ❷dbc.Row(
            dbc.Col(
                [
                    dbc.Label(),
                    dbc.RadioItems(),
                ],
                width=4,
            )
        ),
        ❸dbc.Row(
            [
                dbc.Col(
                    [
                        dbc.Label(),
                        dcc.RangeSlider(),
                        dbc.Button()
                    ],
                    width=6,
                ),
            ]
        ),
    ]
)
```

由以上代码可见，该应用程序包含以下 3 行。

在第❶行中，放置了一个列组件，其宽度为 12 列，其中放置了 H1 标题和 Graph 可视化组件，对应该应用程序的标题和等值线图。

在第❷行中，放置了一个列组件，其宽度只有 4 列，其中放置了 Label 和 RadioItems，对应该应用程序中的“Select Data Set”副标题以及其下方的 3 个单选按钮。

在第❸行中，放置了一个列组件，其宽度为 6 列，其中放置了 Label、RangeSlider 和 Button。

多个组件位于同一行

前文多次提到，构建仪表板时，每页最多可以设置 12 列，并允许组件跨越多列的宽度。在以上应用程序中，每行只有一个列组件，当在一行中添加几个组件时，必须注意这几个组件加在一起的宽度不会超过 12 列。详见以下示例。

```
dbc.Row([
    dbc.Col([dropdown, button, checkbox], width=6),
    dbc.Col([dropdown, slider, date-picker], width=5),
]),
```

在以上代码中，总宽度为 11 列，这意味着所有 Dash 组件都将显示在同一行上。下面是一个错误示例。

```
dbc.Row([
    dbc.Col([dropdown, button, checkbox], width=8),
    dbc.Col([dropdown, slider, date-picker], width=6),
]),
```

在以上代码中，总宽度为 14 列，大于 12 列，因此第二个 dbc.Col 的 Dash 组件将会出现在第一个 dbc.Col 的下一行，这可能会打乱我们的布局。

2. 组件和样式

Dash Bootstrap 组件与 Dash Core 组件类似，但它使用更便捷并且便于整合 Bootstrap 样式表。在该应用程序中，使用了 3 个 Bootstrap 组件：Label、RadioItems 和 Button。下面介绍 Button 和 RadioItems 组件。

我们使用 5 个属性来定义 Button：id、children、n_clicks、color 和 className，如代码清单 5-8 所示。

代码清单 5-8：定义 Bootstrap Button

```
dbc.Button(
    id="my-button",
    children="Submit",
    n_clicks=0,
    color="primary",
    className="mt-4",
),
```

在以上代码中，id 属性用于唯一标识该组件，被分配给 Dash 回调中的 component_id 用以与其他组件进行交互，这里赋值为“my-button”。children 属性展示了按钮上显示的文本。n_clicks 属性用于计算按钮被用户单击的次数，初始值为 0。color 属性可以设置按钮的背景颜色，被分配了 primary，代表蓝色（也可以使用 secondary，使它变成灰色；success 代表绿色；warning 代表橙色；danger 代表红色）。注意，primary 所代表的颜色取决于用户选择的主题，如果 Dash 应用程序选择了 LUX 主题，那么 primary 就代表黑色，secondary 代表白色。

在以上代码中，className 控制组件的样式，被赋值 Bootstrap 的 mt-4 类，用于控制按钮顶部与其上方组件之间的边距。mt 代表顶部边距（margin top），-4 表示在组件上方有 4 个空格的边距。创建的按钮效果如图 5-1 所示。

尝试将边距更改为 mt-1，可以看到该按钮与其上方 range 滑块之间的空间会缩小。

Submit

● 图 5-1　应用程序中的 Submit 按钮

可以在 className 属性中添加很多个类，每个类之间用空格分开，这样就可以添加更多的样式。例如，用户可以尝试在 mt-4 之后添加 fw-bold 字符串，同样作为 className 属性，将 Submit 的文本变为粗体，代码如下：

```
dbc.Button(
    id="my-button",
    children="Submit",
    n_clicks=0,
    color="primary",
    className="mt-4 fw-bold",
),
```

另外，还有一些在以上示例中并没有使用，但值得关注的其他 Button 属性。将 URL 分配给 href 属性，可以在单击按钮后让用户访问指定网站；将' lg '、' md '或' sm '分配给 size 属性，可以控制按钮的大小；将 True 分配给 disabled 属性，可以禁用该按钮。例如，可能创建一个回调，指示应用程序在不再需要某按钮时禁用该按钮。

接下来，介绍 RadioItems（单选按钮），即用户可以单击的选项旁边的小圆圈或小方框。单选按钮与复选框类似，不同之处在于，复选框允许用户选择多个选项，但是单选按钮每次只允许用户选择一个选项。用户使用单选按钮来选择指标名称，如图 5-2 所示。

Select Data Set:

◉ Individuals using the Internet (% of population)

○ Parliament seats % held by women

○ CO2 emissions (kt)

● 图 5-2　用于选择指标的 RadioItems 组件

下面使用代码清单 5-9 中的 4 个属性来定义 RadioItems。

代码清单 5-9：worldbank.py 布局部分的 RadioItems 组件

```
dbc.RadioItems(
    id="radio-indicator",
  ❶options=[{"label": i, "value": i} for i in indicators.values()],
  ❷value=list(indicators.values())[0],
    input_class_name="me-2",
),
```

在以上代码中，首先给 RadioItems 一个 id 名称。options 属性用于显示选项。在代码第❶行中，传递给 options 属性一个字典列表，每个字典项代表一个选项；使用列表解析式来遍历所有指标并为每一个字典项创建一个选项。效果等同于以下的长篇幅代码，在以下删节版代码中，将

包含 3 个字典的列表分配给 RadioItems options 属性：

```
options=[
        {"label": "Individuals using...", "value": "Individuals using..."},
        {"label": "Proportion of seats...", "value": "Proportion of seats..."},
        {"label": "CO2 emissions (kt)", "value": "CO2 emissions (kt)"}
]
```

在以上代码中，每个字典都有两个键：label 键是显示给用户的文本，value 键是该指标的实际值。例如，使用“CO2 emissions（kt）”的精确文本作为 value，以匹配指标的字典键值，如代码清单 5-3 所示。这样做可以为回调部分的过滤数据铺平道路。label 键原则上可以是用户想要显示的任何内容，但是在本示例中，label 和 value 使用了相同的字符串，原因在于这些字符串本身含义清晰、信息丰富，而且不至于太长而无法显示。

下面介绍代码第❷行中的 value 属性，该属性根据用户所单击的单选按钮来获得用户选择的值。在代码清单 5-9 中，分配给 value 属性的对象表示第一次加载该应用程序时默认选择的值。我们使用 input_class_name 属性来设置单选按钮的样式。在本示例中，被赋值了 Bootstrap 的 me-2 类，将圆圈放置在选项左侧两个空格的位置。用户可以尝试更改 me 后面的数字，就可以看到圆圈位置的改变。注意，可以使用 Bootstrap 中的各个类为 Dash Core 组件和 Bootstrap 组件设置样式。

若读者对 Bootstrap 中的各个类感兴趣，则可以访问 https://dashcheatsheet.pythonanywhere.com 中的备忘单。上文采用的 mt-4 类位于 Spacing 实用程序部分之下，fw-bold 类位于 Text 实用程序部分之下。读者可以自行试用其他实用程序，为应用程序赋予自己的个人风格。考虑到 Bootstrap 中类的数量巨大，本书无法对其逐个介绍，建议读者使用以上在线备忘单去尝试各种不同的类。

请务必将 Bootstrap 主题始终分配给 external_stylesheets 参数，如代码清单 5-6 所示，否则 Bootstrap 布局、样式和各元素就无法在整个应用程序中运行。

5.2 Dash Core 组件

本节将为应用程序添加一些新的 Dash Core 组件：RangeSlider、Store 和 Interval。

当想要呈现某范围的许多值以供用户选择，或者用户可以选择某个范围值而不是几个离散的值时，可以使用 RangeSlider。在本例中，使用 RangeSlider 以供用户选择单个年份或某一系列年份，如图 5-3 所示。

以上 RangeSlider 组件拥有 6 个属性，详见代码清单 5-10。

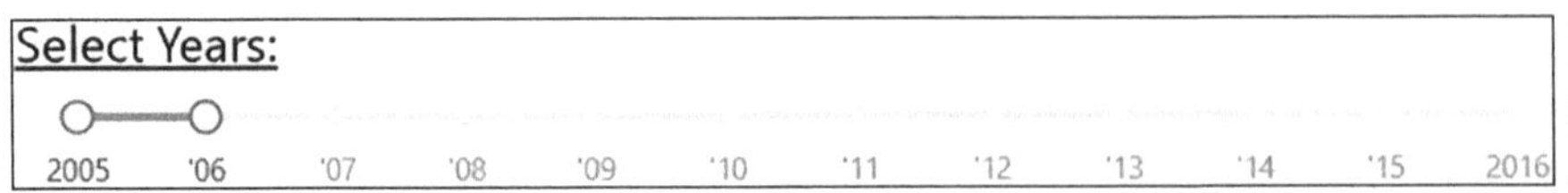

● 图 5-3 用于年份选择的 RangeSlider 组件

代码清单 5-10：**worldbank.py 布局部分中的 RangeSlider 组件**

```
dcc.RangeSlider(
    id="years-range",
    min=2005,
    max=2016,
    step=1,
    value=[2005, 2006],
    marks={
            2005: "2005",
            2006:"'06",
            2007:"'07”,
            2008:"'08",
            2009:"'09",
            2010:"'10",
            2011:"'11",
            2012:"'12",
            2013:"'13",
            2014:"'14",
            2015:"'15",
            2016: "2016",
    },
),
```

在以上代码中，min 属性和 max 属性分别定义了 RangeSlider 组件上的最低值与最高值，通常是左边为最低值，右边为最高值。step 属性确定了滑块移动时的增量。此处将该值设置为 1，因此滑块的每次移动都会更改 1 个年份。在本示例中，由于每年都有对应的 mark，因此，即使将 step 设置为其他值，比如设置为 3，也会得到相同的结果，针对用户的每一个年份选择，会自动匹配最接近的一个年份。如果删除 2005～2016 年之间所有年份，并只保留这两个年份，假设将 step 设置为 3，那么滑块将以 3 为增量，移动到最接近的年份。

value 属性确定了应用程序加载时默认选择的初始范围。value 属性还会检测应用程序用户选择的年份范围。marks 属性确定年份，在本示例中为其分配了一个字典：键用来确定年份在滑块上的位置，值用来确定该应用程序在该位置所显示的文本。

在以上示例中，并没有使用 RangeSlider 的另一个常见属性：allowCross。allowCross 允许

RangeSlider 的两个滑块（在图 5-3 中 2005 和'06 上方的两个蓝色圆圈）在设置为 True 时相互交叉。默认情况下，allowCross=False，但如果将其更改设置为 True，就可以将 2005 滑块向右拉到'06 滑块上方。有关 RangeSlider 属性的完整列表，请访问 Dash 组件文档（http://dash.plotly.com/dash-core-components），选择 dcc.RangeSlider（在该网站的左侧依次选择 Open Source Component Libraries→Dash-Core-Components→RangeSlider），网站给出了 dcc.RangeSlider 的详细介绍及各种示例代码，同时也可在 dcc.RangeSlider 组件介绍页面的底部找到其他属性的说明。有关 Dash RangeSlider 的完整视频教程，请观看 https://learnplotlydash.com 上的视频"Range Slider—Python Dash Plotly"。

Dash Store 组件通常用于将仪表板数据保存在用户 Web 浏览器的内存中，以便可以快速、高效地调用数据。Store 组件是不可见的，不会出现在用户页面上，但还是要在布局部分对其进行声明，详见以下代码清单 5-11。

代码清单 5-11：worldbank.py 中布局的最后一部分内的 Store 组件

```
dcc.Store(id="storage", storage_type="local", data={}),
```

Store 组件可以在各回调之间无缝、快速地共享数据，但是 Store 组件存储的数据量是有限制的：在移动环境中，大约可以存储 2MB 的数据；在大多数桌面应用程序中，可以存储 5~10MB 的数据。本书将在下一节介绍如何在回调中使用 Store 组件。

稍后将在回调中使用 id 属性来标识 Store 组件。以上 data 属性代表存储的数据，数据形式可以是字典、列表、整数、字符串或布尔值。实际上，不需要像代码清单 5-11 那样声明 data 属性并为其分配一个空字典，代码清单 5-11 中的做法只是为了完整、清晰地展示给读者。Store 组件总是预设存在的，因此不必特意声明。

storage_type 属性可以声明存储数据的方式，该属性具有 3 个选项：session、local 和 memory。session 选项会保留数据，直到关闭浏览器选项卡或浏览器本身；local 选项会将数据保存到浏览器，直到删除所有浏览历史记录和 cookie 为止；memory 选项会在刷新浏览器时重置数据。

下面介绍最后一个组件：Dash Interval。Interval 组件用于自动更新应用程序而无须手动刷新浏览器页面，通常用于实时使用数据的应用程序，比如金融应用程序，需要每隔几秒就更新一次新数据。在我们的应用程序中，Interval 激活第一个回调，根据从世界银行 pandas API 提取的数据创建 DataFrame。然后，每隔 60 秒，Interval 就会重新激活该回调，再次提取数据并创建新的 DataFrame。

Interval 拥有几个重要的属性，详见代码清单 5-12。

代码清单 5-12：**worldbank.py** 中布局的最后一部分内的 **Interval** 组件

```
dcc.Interval(id="timer", interval=1000 * 60, n_intervals=0),
```

interval 属性告诉应用程序每次激活 Interval 之间应该间隔多少时间。间隔单位以毫秒计算，以上代码中 interval 属性值为 1000 ＊ 60，相当于 60 秒。因此，每隔 60 秒，就会在浏览器的窗口选项卡中看到“Updating”（正在更新）一词。n_intervals 属性可以记录 Interval 被激活的次数，在以上代码中，60 秒后 n_intervals = 1，120 秒后 n_intervals = 2，以此类推，直到程序结束为止。以上代码中未介绍的另一个常见属性是 max_intervals，设置 Interval 将被激活的最大次数。比如，max_intervals = 2 且 interval = 1000 ＊ 60，那么应用程序将在 120 秒后停止自动更新。

实际上，真的不需要每 60 秒更新一次数据，因为世界银行可能每两周才更新一次数据。本示例选择了 60 秒的更新间隔，是为了让读者可以亲眼看到运行中的 Interval 组件。

有关 Dash Interval 的完整视频教程，请观看 https://learnplotlydash.com 上的视频“The Dash Interval Overview”。

5.3 Dash 回调

我们的应用程序中使用了两个回调：第一个回调负责通过 pandas datareader API 从世界银行检索数据，第二个回调负责在应用程序上创建和显示等值线图。

5.3.1 数据检索回调

数据检索回调将调用相应组件每 60 秒对选定的数据进行一次检索，返回该数据 DataFrame，并将其存储在用户的 Web 浏览器中。如前所述，回调分为两个部分：回调装饰器和回调函数，详见以下代码清单 5-13。

代码清单 5-13：**worldbank.py** 中的第一个回调

```
❶ app.callback(Output("storage","data"),Input("timer", "n_intervals"))
❷ def store_data(n_time):
       dataframe = update_wb_data()
       return dataframe.to_dict("records")
```

在以上代码第❶行的回调装饰器中，Input 和 Output 都有两个参数：component_id 和 component_property，其赋值是应用程序布局部分中的组件。在本示例中，Input 中的 component_id 是"timer"，component_property 是"n_intervals"。由于这两个参数都是位置参数，因此传参时前面

不需要带"变量名="，位置参数顺序不可变，按顺序赋给相应的局部变量即可。其完整版代码如下：

```
@app.callback(
    Output(component_id="storage", component_property="data"),
    Input(component_id="timer", component_property="n_intervals")
)
```

在以上代码清单 5-13 中，"timer" 是指 Dash Interval 组件的 id，"n_intervals" 是指 Interval 被触发次数属性。按照相同的逻辑，"storage" 是指 Dash Store 组件的 id，"data" 是指存储在用户浏览器的数据属性。

在以上代码第❷行中，传入了单个 Input 参数 n_time。n_time 参数是指分配给 Input 的 component_property 的值，即 n_intervals。因为 n_time 是指 n_intervals，每次触发 Interval 时（每 60 秒）就会触发回调函数。当应用程序首次在页面上呈现或刷新页面时，就会引起首次触发。

用户可以随心所欲地为此参数命名，不一定称作 n_time。但是，请务必注意，由于回调装饰器中只有一个 Input，因此仅能传入一个参数。

一旦触发该回调函数，就会在应用程序的开头激活 update_wb_data 函数（详见代码清单 5-4），并将结果保存到 dataframe 对象中。这样，DataFrame 就会得到来自世界银行的数据。然后返回 DataFrame。回调函数中返回的每个对象都对应于 Output 参数的 component_property。在本示例中，返回的 DataFrame 对应于 Store 组件的 data 属性，如代码清单 5-13 所示。这样，检索到的世界银行数据就会存储在用户的网络浏览器上，以备将来使用。

以上回调装饰器只有一个输出，所以在回调函数中只返回一个对象。在回调装饰器有多个输出的应用程序中，就会在回调函数中返回多个（相同数量的）对象。比如，以下装饰器函数有两个输出，因此回调函数返回两条消息。

```
@app.callback(
    Output("example-content1", "children"),
    Output("example-content2", "children"),
    Input("timer", "n_intervals")
)
def update_data(n_time):
    message1 = "text to display in the children prop of the 1st Output."
    message2 = "text to display in the children prop of the 2nd Output."

    return message1, message2
```

更多关于 Dash 回调函数的完整视频教程，请访问 https://learnplotlydash.com，观看视频 "The Dash Callback—Input, Output, State, and more"。

在启动时禁用回调

默认情况下，启动应用程序就会触发所有回调。但有时，需要阻止这种情况的发生。比如，针对某一个回调，只是希望在单击按钮时可以返回一个图形，而不希望在启动应用程序时，以及单击按钮之前就激活该回调。针对上述需求，有两种方法可以实现在应用程序首次加载时阻止自动触发回调。第一种方法是将 prevent_initial_callbacks 行添加到 Dash 实例化应用程序的开头，并将其设置为 True，如下所示：

```
app = Dash(__name__, external_stylesheets=[dbc.themes.BOOTSTRAP],
        prevent_initial_callbacks=True)
```

这样，在页面首次加载或刷新页面时，就不会触发所有回调。

第二种方法是在页面加载时，在不想触发的特定回调中输入“prevent_initial_call=True”。比如，可以在第一个回调中输入：

```
@app.callback(Output("storage", "data"), Input("timer", "n_intervals"),
prevent_initial_call=True)
```

5.3.2 图形创建回调

图形创建回调是从用户的浏览器中检索已存储的 DataFrame，然后根据用户选择的年份和数据集过滤 DataFrame，并返回可视化数据图形。在以下代码清单 5-14 中，decorator 函数有两个 Input 参数、两个 State 参数、一个 Output 参数。

代码清单 5-14：worldbank.py 中第二个回调的回调装饰器

```
@app.callback(
    Output("my-choropleth", "figure"),
    Input("my-button", "n_clicks"),
    Input("storage", "data"),
    State("years-range", "value"),
    State("radio-indicator", "value"),
)
```

在以上代码中，第一个 Input 是指按钮被单击的次数，第二个 Input 是指第一次回调后存储在用户浏览器上的数据。接下来，介绍 State 参数。State 参数在其组件更改时不会触发回调，而只是记录用户的选择。在以上代码中，第一个 State 参数查看用户在 RangeSlider 上选择的年份范围，第二个参数是在 RadioItems 中所选的指标。

当用户在 RangeSlider 上选择的年份发生变化，或者在 RadioItems 上选择的世界银行指标发生

变化时，这些变化的值都会被保存，但是在单击按钮之前不会更新等值线图，因为该按钮的 n_clicks是 Input 参数的一个组件属性（详见代码清单 5-14）。谨记，Input 参数总是会触发回调，而 State 参数并不会。

下面详细介绍这个回调函数。这个回调装饰器中有 4 个参数并不是 Output，因此必须指定这 4 个参数，详见以下代码清单 5-15。

代码清单 5-15：worldbank.py 中定义的第二个回调的回调函数

```
def update_graph(n_clicks, stored_dataframe, years_chosen, indct_chosen):
❶dff = pd.DataFrame.from_records(stored_dataframe)
  print(years_chosen)

❷if years_chosen[0] != years_chosen[1]:
❸dff = dff[dff.year.between(years_chosen[0], years_chosen[1])]
❹dff = dff.groupby(["iso3c", "country"])[indct_chosen].mean()
      dff = dff.reset_index()

      fig = px.choropleth(
          data_frame=dff,
          locations="iso3c",
          color=indct_chosen,
          scope="world",
          hover_data={"iso3c": False, "country": True},
          labels={
              Global Data Analysis: Advanced Layouts and Graphs 89
              indicators["SG.GEN.PARL.ZS"]: "% parliament women",
              indicators["IT.NET.USER.ZS"]: "pop % using internet",
          },
  )
  fig.update_layout(
      geo={"projection": {"type": "natural earth"}},
      margin=dict(l=50, r=50, t=50, b=50),
  )
  return fig

❺if years_chosen[0] == years_chosen[1]:
❻dff = dff[dff["year"].isin(years_chosen)]
❼fig = px.choropleth(
      data_frame=dff,
      locations="iso3c",
      color=indct_chosen,
      scope="world",
      hover_data={"iso3c": False, "country": True},
      labels={
```

```
            indicators["SG.GEN.PARL.ZS"]: "% parliament women",
            indicators["IT.NET.USER.ZS"]: "pop % using internet",
        },
    )
    fig.update_layout(
        geo={"projection": {"type": "natural earth"}},
        margin=dict(l=50, r=50, t=50, b=50),
    )
    return fig
```

这 4 个参数分别以下列方式对应于代码清单 5-14 中 State 和 Input 的组件属性：

```
n_clicks 对应 n_clicks
stored_dataframe 对应 data
```

```
years_chosen 对应 value
indct_chosen 对应 value
```

在以上回调函数❶的代码中，将存储的数据（当前是字典列表）转换为 pandas DataFrame，以便后续可以轻松创建 Plotly Express 图形。

接下来，需要过滤数据，为绘制等值线图做好准备。为了理解如何更好地过滤 RangeSlider 数据，请转至应用程序并尝试移动滑块，分别尝试选择多个年份和仅选择一个年份，然后单击 Submit（提交）。随后，查看 Python IDE 中输出的内容，就会看到：

```
[2005, 2006]
[2005, 2009]
[2009, 2009]
```

可以看到，应用程序必须首先区分 years_chosen 列表中的两个值是彼此不同（❷），还是彼此相同（❺），这样才能区分是使用某一范围内的数据还是使用单个年份的数据。以上示例有助于理解过滤数据。

如果 years_chosen 列表中的这两个值彼此不同，就意味着用户选择了一个范围。首先创建一个 DataFrame，仅限于那些与用户所选年份范围相关的行（❸）。如果用户移动滑块到［2005，2009］，新的 DataFrame 就会包括 2005～2009 年之间的所有年份。接下来，对于每个国家或地区，提取所选指标的平均值。因为每个国家或地区在多行中多次出现（每年一次），所以按照 country 列和 iso3c 列（❹）对 DataFrame 进行分组，以确保每个国家或地区在新的 DataFrame 中只出现一次。

如果读者不确定某些代码行的作用，请在这些行之间添加输出语句，以呈现每次操作前后数据的变化。

若 years_chosen 列表中的两个值相同（❺），则表示用户只选择了一个年份（如［2009，

2009］）。因此，就没有必要使用 groupby，因为每个国家或地区只会出现一次。最后，过滤 DataFrame，使其只包含所选年份的行（❻）。

数据经过完全过滤后，就可以用来绘制等值线图了。本章的最后一节"Plotly Express 等值线图"将介绍等值线的创建过程（❼）。

5.3.3 回调图表

在本书第 4 章中，介绍过回调图表。在本章中，为了更清楚地描述回调中发生的事情，依然要使用回调图表，就像在第 4 章中所做的那样，以获得有关触发回调的顺序、完全呈现每个回调所需的时间，以及正在被激活回调中的组件信息。

首先，如代码清单 5-16 所示，将布局中的间隔减少到 10 秒，以便更频繁地触发回调，可以在回调图表中查看每 10 秒会发生什么变化。注意，代码末尾的 debug=True，否则，回调图表不会出现。

代码清单 5-16：worldbank.py 中的最后一行代码

```
dcc.Interval(id="timer", interval=1000 * 10, n_intervals=0),

if __name__ == "__main__":
    app.run_server(debug=True)
```

下面运行该应用程序，并在浏览器中单击右下角的 Callbacks（回调）按钮，就可以看到回调图表，如图 5-4 所示。

每个回调参数（Input、Output、State）都由一个矩形框表示，而圆角矩形框告诉我们回调被触发的次数以及触发执行的时间。在图 5-4中，第一个输入是指 Interval 组件。第二行的圆角矩形框告诉我们（当页面加载时）回调已被触发一次，触发执行需要一秒多的时间（1,428 毫秒），完成回调就会将数据存储在浏览器上，请读者注意在第二行的圆角矩形框和第三行的 storage 组件框之间箭头的指向。我们会看到第二行圆角矩形框中最上面的数字每 10 秒就会增加 1。

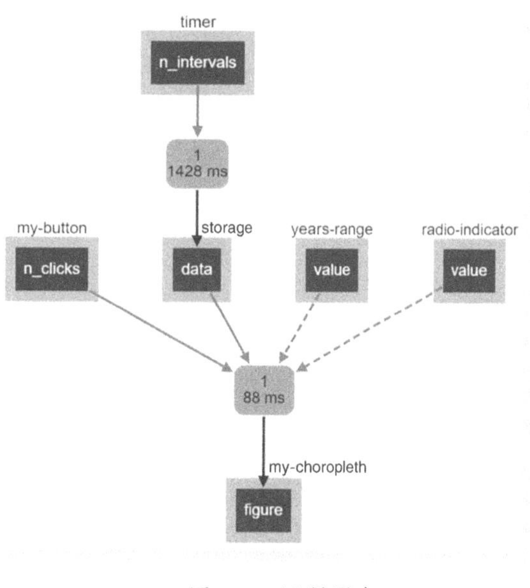

● 图 5-4 回调图表

在第二个回调中，第三行的这 4 个矩形框代表两个 Input 参数和两个 State 参数。第四行的圆角矩形框告诉我们，第二个回调已被触发一次，触发执行用时不到0.1秒，就返回了一个作为 Output 的等值线图。

在第一次回调完成后的大约一秒钟时，会在屏幕上看到以紫色突出显示的存储组件的轮廓，这是因为存储组件激活了第二个回调。

下面观察用户与应用程序交互时图表的变化情况。单击按钮，选择不同的 RadioItem 并移动 RangeSlider 的年份。每当用户与上述组件交互时，图中相应的蓝色框都会突出显示。注意，RadioItem 和 RangeSlider 并不会触发第二个回调，只有 Button 和 Store 组件才会触发第二个回调，因为这两个组件是 Input 参数，而不是 State 参数。

不要忘记将布局部分中的间隔更改回 60 秒，以避免 API 请求过载。

5.3.4 回调排序

本节讨论编写回调的顺序。如果回调并不是相互依赖的，那么顺序无关紧要，因为当页面首次加载时，允许以任何顺序调用回调。然而，对于确实相互依赖的回调，就需要像以上应用程序中一样，关注书写顺序。需要首先触发的回调应该写前面，其他依赖于此的回调写在后面。在以上应用程序中，首先写存储数据的回调，然后写使用该存储数据来绘制图形的回调。

有关 Dash 的链式回调的完整视频教程，请访问网站 https://learnplotlydash.com，观看视频“Chained Callback in Dash”。

5.4 Plotly Express 等值线图

等值线图能够展示特定空间区域地图上不同阴影和不同颜色的定量数据，因此是一个很好的数据可视化工具，用于显示跨区域的数据变化。目前已知最早的等值线图由查尔斯·杜宾（Charles Dupin）于1826年创建，用于描述法国各省基础教育的可获得性，如图 5-5 所示。等值线图最初被称为 cartes teintées（染色地图）或者彩色地图。

下面介绍如何使用 Plotly Express 的 px.choropleth 方法将数据可视化为等值线。以下是 Plotly Express 中与等值线图相关属性的完整列表：

```
plotly.express.choropleth(data_frame=None, lat=None, lon=None, locations=None, loca-
tionmode=None, geojson=None, featureidkey=None, color=None, facet_row=None, facet_col
=None, facet_col_wrap=0, facet_row_spacing=None, facet_col_spacing=None, hover_name=
None, hover_data=None, custom_data=None, animation_frame=None, animation_group=None,
category_orders=None, labels=None, color_discrete_sequence=None, color_discrete_map=
None, color_continuous_scale=None, range_color=None, color_continuous_midpoint=None,
projection=None, scope=None, center=None, fitbounds=None, basemap_visible=None, title
=None, template=None, width=None, height=None)
```

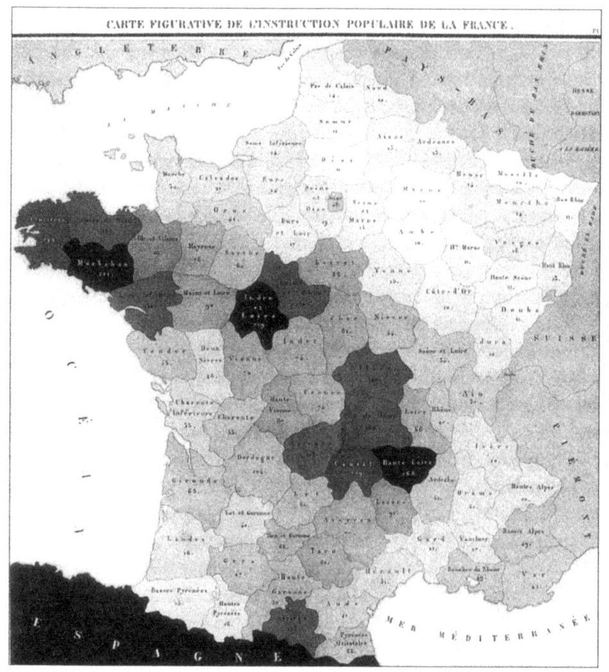

● 图 5-5　最早的等值线图（来源：https://en.wikipedia.org/wiki/Choropleth_map）

我们构建的等值线，只需要其中 6 个属性，如代码清单 5-17 所示。

代码清单 5-17：worldbank.py 的第二个回调函数中的等值线图

```
fig = px.choropleth(
    data_frame=dff,
    locations="iso3c",
    color=indct_chosen,
    scope="world",
    hover_data={"iso3c": False, "country": True},
    labels={indicators["SG.GEN.PARL.ZS"]: "% parliament women",
            indicators["IT.NET.USER.ZS"]: "pop % using internet"},
)
```

在以上代码中，根据 years_chosen 参数，将之前过滤的数据集分配给 data_frame 属性，将 iso3c 列分配给 locations，iso3c 列包含 Natural Earth 网站（https://www.naturalearthdata.com）中定义的由 3 个字母组成的国家或地区代码。color 属性可以控制地图的颜色差别。将 indct_chosen 传递给 color 属性，indct_chosen 对应于用户从 RadioItem 中选择的指标。

scope 属性用于描述在该图中将显示的地图区域，具有特定关键字：world、usa、africa、

asia、europe、north america 或 south america。如果绘制的数据仅针对非洲，则选择的 scope（范围）应为 africa 而不是 world。在以上代码中，选择 world（整个世界）。用户在将鼠标悬停在地图上时，hover_data 属性可以控制提示工具中显示的信息。

在以上代码中，指定"country"：True，就可以显示国家或地区的名称而隐藏国家或地区代码。labels 属性指示应用程序更改某些列的名称。在本示例中，国家或地区名称用于在提示工具中显示提示信息和图表右侧颜色栏的标题，空间非常有限，因此，我们更改了选项的名称，使其缩短，以适应狭小的位置空间。

要操纵等值线布局，必须使用 Plotly Graph Objects，这是一个用于自下而上创建图形的低级接口。鉴于 Plotly Express 建立在 Plotly Graph Objects 之上，当需要超过 Plotly Express 现存图形，以及更精细的自定义特征时，就可以使用 Graph Objects 中的图形属性。在代码清单 5-18 中，使用图形属性来更改地图的显示形状，并减少其周围的空白边距，从而放大地图本身。

代码清单 5-18：worldbank.py 在第二个回调函数中更新等值线图的布局

```
fig.update_layout(
    geo={"projection": {"type": "natural earth"}},
    margin=dict(l=50, r=50, t=50, b=50),
)
```

在以上代码清单中，geo 属性有许多更改地图布局的字典键，包括 projection、oceancolor 和 resolution 等。以上 projection 键又有自己的字典键：type，决定了地图框架的形状。将 natural earth 赋值给 type 键就会呈现椭圆形地图框架，而不会是矩形地图框架。用户可以尝试将 natural earth 更改为 satellite 或 bonne，就会看到地图形状的改变。以上第二个属性 margin 可以确定边距，在以上代码中，将边距从默认的 80 像素减小到 50 像素，实际效果是扩大了显示地图的面积。如果想看到 Plotly Graph Objects 等值线图属性的完整列表，可以访问 https://plotly.com/python/reference/choropleth。

5.5 小结

本章向读者介绍了如何使用 pandas datareader 从网络中提取数据、管理应用程序布局和样式的 Dash Bootstrap 组件，以及一些重要的 Dash Core 组件，比如 Store 和 Interval。本章还介绍了如何创建具有多个回调的应用程序，以及如何使用 Plotly Express 将数据可视化为等值线。掌握以上技能，就可以创建更加有效和复杂的实时仪表板了。

创建投资组合应用程序

本章将介绍如何创建投资组合应用程序，探索资产配置如何影响投资组合的回报。首先，介绍资产配置的概念及其重要性。然后，创建一个仪表板来探究数据集，该数据集详细记录了自1929年以来现金、股票和债券的年度回报率。读者将会领略到Dash创建的交互式仪表板如何将数据鲜活地展示出来。

相比第5章中的应用程序，本章的应用程序代码行数更多。因此，读者会逐步了解如何组织构建大型应用程序，学习一些维护和调试大型应用程序的提示和技巧。

本章将帮助读者完成以下任务。

- 构建更大的项目，并确保其更易于维护和调试。
- 创建的应用程序中包含FontAwesome图标。
- 使用新的Dash Core组件：DataTable、Slider和Markdown。
- 使用新的Dash Bootstrap组件：Card、InputGroup、Table、Tabs和Tooltip。
- 使用Plotly Graph Objects制作彩色编码图形。

本章还将介绍一些高级回调技术，比如使用具有多个输入和输出的回调、在不触发回调的情况下从组件获取数据、使用回调同步组件。

在开始编写代码之前，读者首先需要了解一些资产配置的背景知识。

6.1 资产配置

投资的主要目标之一是以最低的损失风险获得最高的回报。资产配置是将投资组合划分为不同类别的资产（比如股票、债券和现金）策略。资产配置的目标是通过多样化投资来降低投资风险。从历史上来看，各种资产类别的回报并不一致。比如，当股票下跌时，债券通常会上涨。因此，在投资组合中同时拥有股票和债券就可以降低风险，因为这两种风险可以相互抵消。

分配给每种资产类别的金额取决于您的目标、时间范围和风险承受能力。例如，与债券和现金相比较，股票更具波动性，但从长远来看，股票通常回报更高。如果您的投资目的是规划几十年后的退休生活，就愿意将更多的投资组合分配给股票，因为投资等待时间足够长，可规避频繁的短期市场起伏。当然拥有不会与股票同时下跌的其他类型资产，可以帮助您坚持长期投资战略。

过于保守也有风险。如果您资产配置中现金比例过高，则有可能在退休时资金不足。当然，为了应对意外生活费用等短期目标，还是需要持有一定量的现金的。

如果您对投资领域并不熟悉，则可使用本章的投资组合应用程序，它有助于直观理解资产配置等基本概念。数据可视化的一大优点就是直观，看一眼彩色编码图表，就可以了解一段时间内股票、债券和现金的变化情况。该应用程序将分析并以图形方式呈现资产配置如何影响投资组合。换言之，该应用程序将帮助用户调整配置比例，并查看不同配置的投资组合在某段时间的不同表现。

6.2 下载并运行应用程序

首先请读者了解完整版应用程序。访问 https://github.com/DashBookProject/Plotly-Dash，可以找到完整的代码。读者可以使用第 2 章中的相关说明，在本地下载并运行该程序，也可以在 https://wealthdashboard.app 上实时查看该程序（强烈建议读者在后续学习的过程中，先行打开该网站，实时查看每个组件的程序变化），屏幕截图如图 6-1 所示。

由图 6-1 可见，此应用程序中的元素比前面章节中 Dash 应用程序中的元素要多很多。可以尝试使用该应用程序，看看它是如何工作的。比如，在输入字段中输入不同的数字，移动滑块以选择不同的资产分配。可以尝试把所有的钱都投入现金、股票、债券，或以各种比例组合投入现金、股票和债券组合，您会看到每一种情况的投资回报是多少。使用单选按钮选择不同的时间段，就可以查看到：如果在互联网泡沫高峰期或大萧条最严重时期开始投资，您的投资组合表现是如何的。

请关注该应用程序中的各组件是如何交互的，以及饼图、折线图、表格和结果字段是如何更新的。本章将在“Dash 回调”部分（6.9 节）介绍如何执行以上操作。

另外，请关注布局设计。这个应用程序在左侧有滑块、输入字段和年份选项，在右侧以饼图、折线图和汇总表的形式输出统计情况。本章将在“布局和样式”部分（6.5 节）介绍如何执行以上操作。

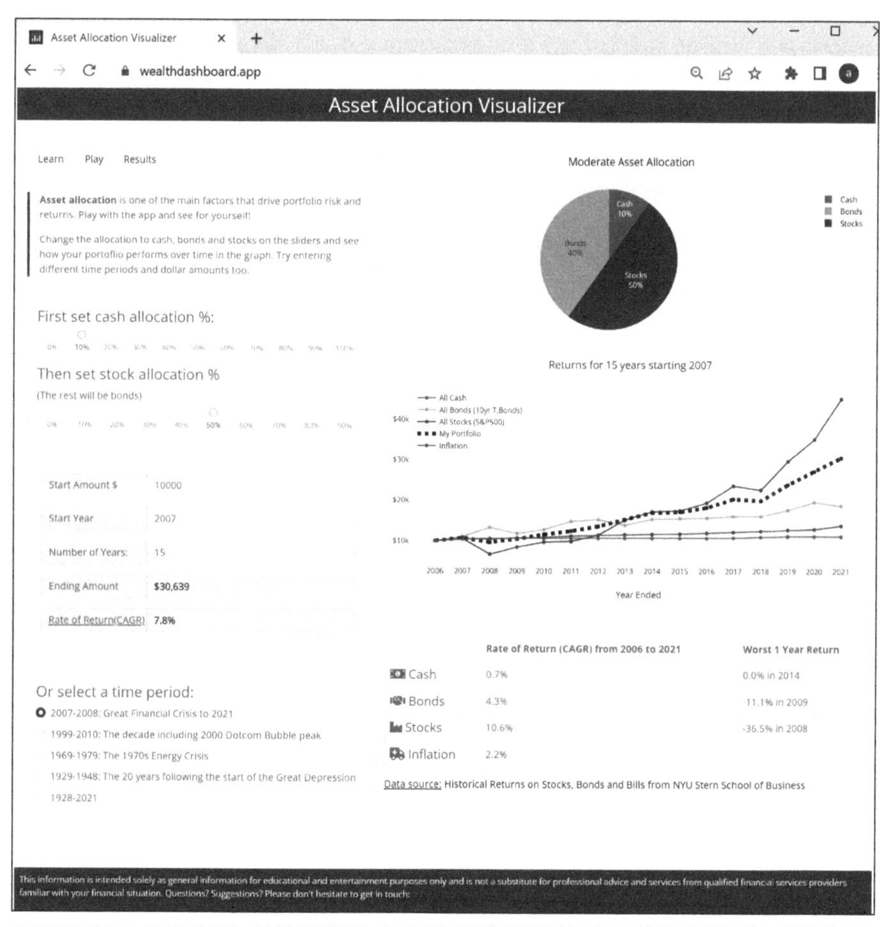

图 6-1　Asset Allocation Visualizer 应用程序的屏幕截图

6.3 应用程序结构

Dash 的显著特点是只需要几行代码就可以轻松制作可视化的交互式应用程序。本书中的前两个应用程序就是很好的示例，在 Dash 教程和 Dash Enterprise App Gallery（Dash 企业版应用程序库）中还有更多示例。但是，当用户开始制作自己的应用程序时，就会发现，如果添加更多功能和组件来构建多页应用程序，那么代码很容易变得很长，甚至长达成百上千行。本章的应用程序大概有 700 行代码，还算是比较简单的。

当用户使用更大的应用程序时，就会理解应用程序结构的重要性了。在小型应用程序中，直接在布局中定义组件，甚至在回调中定义组件都很方便，但是，如果添加了更多的功能，这种定义方法就会使程序的布局变得庞大且难以管理、更改和调试。

在较大的应用程序中，可以将每个部分分别存放为单独的文件。本章的应用程序其实并不算大，因此还是要将其所有代码保存在一个文件中，并对其进行规划管理，以便将相关元素分组存放在一起。例如，图形、表格、选项卡和 Markdown 组件被分组存放。每个组件要么在函数中进行定义，要么被分配一个变量名。以上述方式构建的组件成为构建块，后续需要使用该组件时就可以通过调用函数或调用变量名将该组件放置在布局中。这种组织结构也便于后续在其他应用程序中重用该组件。本章将进行数据整理的辅助函数（如计算投资回报）也拆分为独立部分。正是由于采用了以上组件构建方式，才能使布局部分简洁明了，代码仅有 30 行。应用程序的最后一部分是回调部分。

构建应用程序的方法其实有很多种类。比如，可以先将某些部分放在不同的模块中，再将其导入主应用程序。对于多页应用程序，标准做法是将每个页面放在不同的模块中，本书第 7 章有示例。采用何种方法取决于开发者和项目本身，同一个项目内部要前后一致，不冲突。针对本章的应用程序，考虑到其大小并且是一个单页应用程序，因此选择将所有内容放在一起。

6.4 设置项目

与第 4 章和第 5 章相同，首先导入库并管理数据。

6.4.1 导入库

首先导入将要在应用程序中使用的模块，详见代码清单 6-1。此应用程序导入了 4 个新模块：data_table、State、callback_context 和 plotly.graph_objects。

代码清单 6-1：app.py 的导入部分

```
from dash import Dash, dcc, html, dash_table, Input, Output, State, callback_context
import dash_bootstrap_components as dbc
import plotly.graph_objects as go
import pandas as pd
```

在以上代码中，data_table 模块可以显示结果和源数据，在回调中使用了 State 和 callback_

context，使用 Plotly Graph Objects（而不是 Plotly Express）来创建图形。稍后，将分别详细介绍以上每一个模块。

6.4.2 添加样式表

添加 Bootstrap CSS 和 FontAwesome 图标作为外部样式表。在本书第 5 章，曾将 BOOTSTRAP 主题添加到应用程序中，但是在本章的应用程序中，将使用 SPACELAB 主题，如下所示：

```
app = Dash(__name__, external_stylesheets=[dbc.themes.SPACELAB,
          dbc.icons.FONT_AWESOME])
```

SPACELAB 主题效果如图 6-1 所示，读者可见其页面元素的字体、调色板、形状和大小。

FontAwesome 库包含大量图标，有助于使应用程序更加引人注目。图 6-2 展示了本应用程序中使用的 FontAwesome 图标。

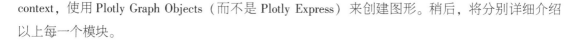

	Rate of Return (CAGR) from 2006 to 2021	Worst 1 Year Return
Cash	0.7%	0.0% in 2014
Bonds	4.3%	-11.1% in 2009
Stocks	10.6%	-36.5% in 2008
Inflation	2.2%	

● 图 6-2 本应用程序中使用的 FontAwesome 图标

Dash Bootstrap 组件库中有一个模块，其中包含 FontAwesome 图标和 Bootstrap 图标的 URL，以及各种 Bootstrap 主题的 URL，因此非常便于将它们添加到应用程序中。比如，可以将主题直接指定为 dbc.themes.SPACELAB，而不必使用烦琐的网页地址：https://cdn.jsdelivr.net/npm/bootswatch@5.1.3/dist/spacelab/bootstrap.min.css。

6.4.3 数据管理

本章应用程序的数据来自 Aswath Damodaran 教授，他在纽约大学斯特恩商学院讲授“公司金融和估值”课程。数据包括以三个月期美国国债、10 年期美国国债和标准普尔 500 指数为代表的 3 种资产类别（现金、债券和股票）的回报率。有关此数据的详细信息，请访问 http://people.stern.nyu.edu/adamodar/New_Home_Page/data.html。

我们已经预先下载了以上数据，并将其保存在 assets 文件夹中，名为 historic.csv 的 Excel 电子表格中。下面将在应用程序中使用以上数据：

```
df = pd.read_csv("assets/historic.csv")
```

接下来，要采取一些措施，使应用程序更易于长期维护。首先，将数据系列的开始和结束年份都设置为全局变量，以便在应用程序的许多地方都可以使用这些日期。即使以后每年都使用新数据更新应用程序，也不必因为新日期的出现而对代码进行任何更改：

```
MAX_YR = df.Year.max()
MIN_YR = df.Year.min()
START_YR = 2007
```

START_YR 是应用程序首次运行时，投资周期的默认起始年份。程序中使用了 START_YR 全局变量，而不是将“2007”硬编码直接写入应用程序中的各个位置。如果用户想要设置不同的开始年份，则只需要更改这一行代码。

我们还将颜色设置为全局变量。图表中的股票、债券和现金使用自定义颜色，以匹配 Bootstrap 主题。如果用户想更改为另一个 Bootstrap 主题，则可以通过更改 COLORS 字典中的颜色编号来更新图表颜色，并且将更新整个应用程序中的颜色：

```
COLORS = {
    "cash": "#3cb521",
    "bonds": "#fd7e14",
    "stocks": "#446e9b",
    "inflation": "#cd0200",
    "background": "whitesmoke",
}
```

使用该字典还可以使代码更具可读性和记录性，因为用户可以采用以下方式指定颜色（直观易懂）：

```
COLORS["stocks"]
```

而不必采用以下方式指定颜色（不易理解）：

```
"#446e9b"
```

6.5 布局和样式

在本节中，我们将分离出所有组件和图形，以将其模块化，以便后续可以将它们添加到我们喜欢的布局中。在本章应用程序的 700 行代码中，主布局部分的代码只有大约 30 行。简单起见，在应用程序的另一部分中定义了组件和图形，并为它们提供了变量名称，以便在布局部分进行

调用。以这种方式构建布局，应用程序的结构清晰、简洁并便于设计和更改。代码清单 6-2 展示了主布局的 app.layout 代码。

代码清单 6-2：布局部分的代码

```
app.layout = dbc.Container(
    [
        ❶dbc.Row(
            dbc.Col(
                html.H2(
                    "Asset Allocation Visualizer",
                    className="text-center bg-primary text-white p-2",
                ),
            )
        ),
        ❷dbc.Row(
            [
                dbc.Col(tabs, width=12, lg=5, className="mt-4 border"),
                dbc.Col(
                    [
                        dcc.Graph(id="allocation_pie_chart", className="mb-2"),
                        dcc.Graph(id="returns_chart", className="pb-4"),
                        html.Hr(),
                        html.Div(id="summary_table"),
                        html.H6(datasource_text, className="my-2"),
                    ],
                    width=12,
                    lg=7,
                    className="pt-4",
                ),
            ],
            className="ms-1",
        ),
        dbc.Row(dbc.Col(footer)),
    ],
    ❸fluid=True,
)
```

由以上代码可见，整个应用程序的内容包含在 dbc.Container 中，这是 Bootstrap 中使用行列网格系统时所需的最基本的布局元素。

该布局的第❶行定义了蓝色标题栏，如图 6-3 所示，这是一个 Bootstrap 行，只有一列，横跨整个屏幕宽度。

在上述代码中，使用 Bootstrap 实用工具类来设计标题：使用 text-center 将文本居中，使用

bg-primary 将背景设置为 SPACELAB 主题的原色，使用 text-white 设置文本颜色，使用 p-2 添加填充。若读者想了解可用于设置应用程序样式的所有 Bootstrap 实用工具类，请访问 https://dash-cheatsheet.pythonanywhere.com 上的 DashBootstrap 备忘单。

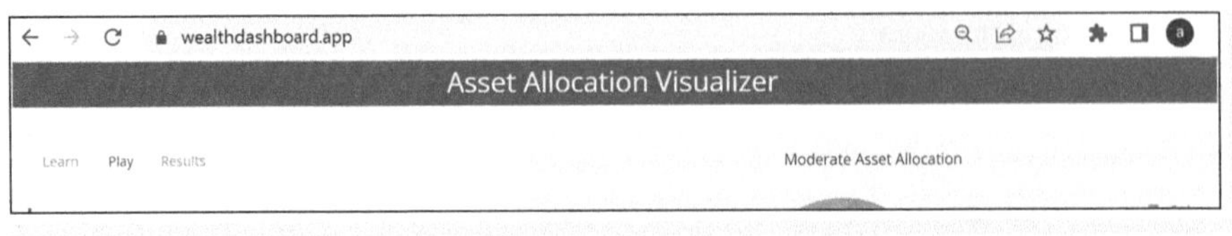

● 图 6-3　应用程序的标题栏 Asset Allocation Visualizer

在上述代码中，第❷行包含两列内容，是应用程序的主要内容，如图 6-4 所示。左列为用户输入控制面板选项卡。右列为数据分析输出：饼图、折线图和汇总表可视化。第❷行代码中包含很多信息。如果屏幕是静态的，使用小屏幕查看该信息，就必须放大并多次滚动鼠标，才能看清楚。好在 Bootstrap 可以让应用程序轻松地响应查看设备的大小。针对小于平板电脑尺寸的屏幕，

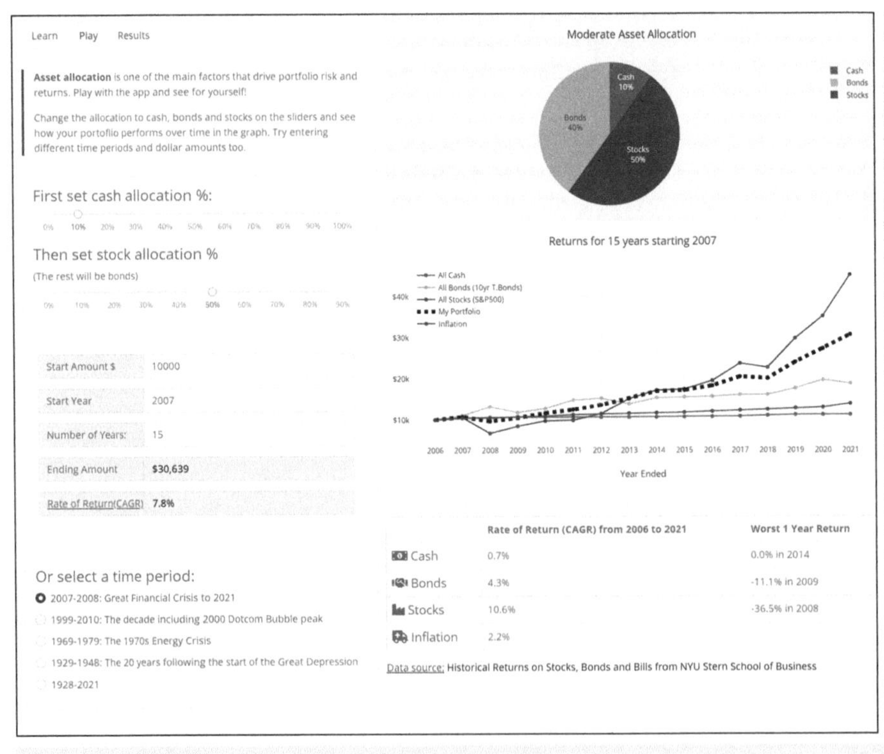

● 图 6-4　应用程序展示的主要内容

可以设置为一次只显示一列；针对大屏幕，可以设置为并排显示两列。

由于 Bootstrap 行有 12 列，因此可通过将宽度设置为 12，使该行跨越整个屏幕。接下来，针对大屏幕，将第一列的宽度设置为 5，将第二列的宽度设置为 7，因此这两列内容会并排显示，示例如下：

```
dbc.Row(
    [
        dbc.Col("column 1", width=12, lg=5),
        dbc.Col("column 2", width=12, lg=7)
    ]
)
```

在页面底部，放置页脚，如图 6-5 所示。为了保持一致，页脚的样式与标题相同。网站的页脚位于每个页面的底部，通常包括一些辅助信息，比如联系方式、法律声明和站点地图等内容。

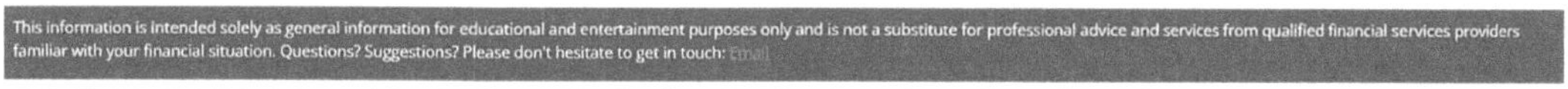

This information is intended solely as general information for educational and entertainment purposes only and is not a substitute for professional advice and services from qualified financial services providers familiar with your financial situation. Questions? Suggestions? Please don't hesitate to get in touch: Email

● 图 6-5 应用程序的页脚

最后，在第❸行代码中，设置属性 fluid = True，使得内容跨越视窗（viewport）的宽度。viewport 是用户可见的网页区域，该区域会因设备而异。手机和平板电脑上的视窗比计算机屏幕上的视窗小，因此设置 fluid=True，该应用程序就能够响应不同的设备。以上为该应用程序的主要布局，更多信息后续再介绍。

6.6 组件

本节将更加详细地介绍如何定义添加到布局中的每个组件。读者可以看到该应用程序具有不同的选项卡（tabs），这些选项卡定义了不同的内容窗格，比如教程（Learn 选项卡）、应用程序控件（Play 选项卡）和数据（Results 选项卡）。如果用户单击某个选项卡，就会看到只有第一列中的内容发生了变化，第二列中所显示的图表和汇总表始终保持不变。

Play 选项卡使用最频繁，下面将详细介绍其中的每个元素：

- dcc.Markdown 用于格式化并显示介绍文本。
- dbc.Card 和 dcc.Slider 组件用于设置资产分配的百分比。

- dbc.Input、dbc.InputGroup 和 dbc.InputGroupText 用于制作输入数字数据的表单。
- dbc.Tooltip 用于显示鼠标指向时显示的附加数据。

在 Results 选项卡中，使用 DataTable 显示源数据并对结果进行可视化。

6.6.1 选项卡

在 Dash 中，Tabs 组件可以便捷地将不同内容分隔到不同窗格中。用户可以单击某个选项卡以查看某个窗格中的内容，该组件还会自动为用户导航，用户只需要定义每个选项卡中的内容。本章应用程序中的选项卡如图 6-6 所示。

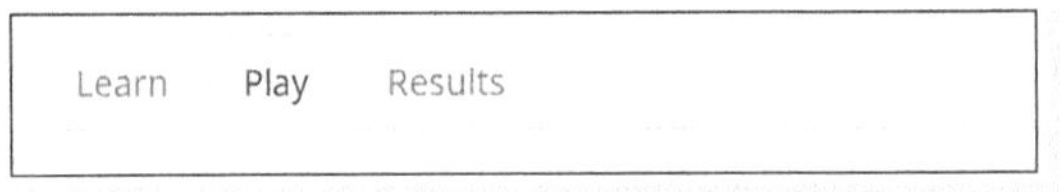

图 6-6 资产配置可视化工具选项卡

Learn 选项卡有一些文本内容。Play 选项卡是应用程序的主要控制面板，允许用户进行输入选择。Results 选项卡包含投资组合年回报的详情图表和源数据图表，也就是用于第二列的可视化数据。

在 app.layout 中，只需要简单地将变量名称 tabs 放在第二行的第一列，就可以将这些选项卡添置到该程序中，代码如下：

```
--snip--
dbc.Row(
    [
        dbc.Col(tabs, width=12, lg=5, className="mt-4 border"),
--snip--
```

在以下代码清单 6-3 中，将定义这些选项卡。

代码清单 6-3：定义选项卡

```
tabs = dbc.Tabs(
    [
        dbc.Tab(learn_card, tab_id="tab1", label="Learn"),
      ❶dbc.Tab(
            [asset_allocation_text, slider_card, input_groups,
               time_period_card],
            tab_id="tab-2",
            label="Play",
            className="pb-4",
```

```
        ),
        dbc.Tab([results_card, data_source_card],
            tab_id="tab-3", label="Results"),
    ],
    id="tabs",
        ❷active_tab="tab-2",
)
```

在以上代码中，使用 dbc.Tabs 组件创建了一个 tabs 容器，该容器包含 3 个独立的 Tab 窗格。需要为每个 dbc.Tab 提供显示的内容、一个 ID，以及一个显示在屏幕上的标签标题、主题。注意，第❶行代码中的第二个 dbc.Tab 是图 6-7 中的 Play 选项卡，children 属性包含一个变量名列表，这些变量名对应在代码的 components 部分中单独定义的各个组件。asset_allocation_text 包含介绍文本。slider_card 包含两个 dcc.Sliders 滑块，用户可以通过这两个滑块设置现金、股票和债券之间的分配百分比。input_groups 定义用户输入区域：起始美元金额、起始年份和投资年数。该应用程序使用以上输入来计算投资回报。time_period_card 可以让用户选择某些特殊时期，比

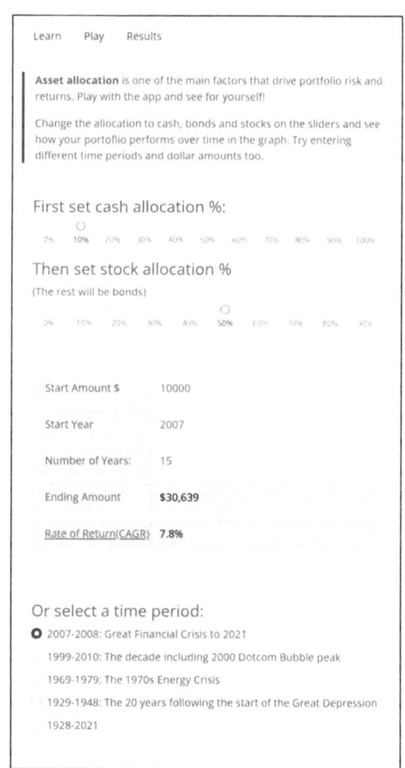

● 图 6-7　Play 选项卡的全部内容

如互联网泡沫时期、大萧条时期等。

下一步，用户可以尝试将 asset_allocation_text 变量名称移动到列表中的最后一项。然后，运行修改后的应用程序，就会看到介绍文本已移至选项卡屏幕的底部。以上尝试表明，使用以上方法构建应用程序，对部分设计进行更改是多么轻而易举！在下一节中，将更加详细地介绍如何定义以上每个部分。

代码清单 6-3 第❷行代码中的 active_tab 属性指定了应用程序启动时显示的默认选项卡。将其设置为 tab-2，可以确保在打开该应用时，始终默认显示 Play 选项卡，而不会默认显示 Learn 选项卡和 Results 选项卡。

6.6.2 卡片容器和滑块

Bootstrap 中的 dbc.Card 是一个方便将相关内容放在一起的容器，通常是一个矩形框，可选择填充，并且有页眉、页脚等内容。还可以使用 Bootstrap 实用程序类来轻松地设置卡片的样式和位置。

我们在应用程序中多处都使用了 dbc.Card，下面将以图 6-8 中显示的卡片代码为例进行介绍。

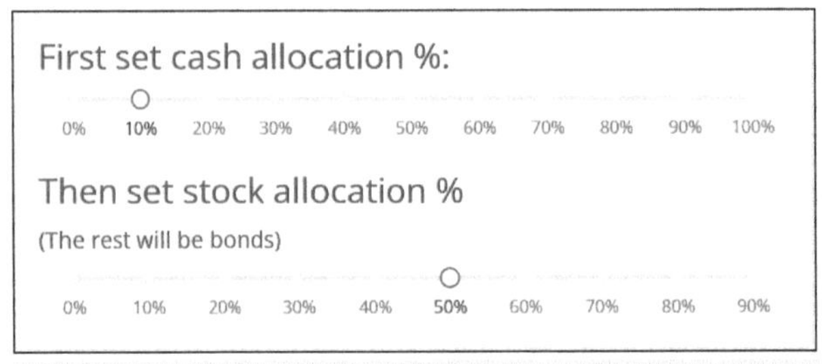

● 图 6-8 dbc.Card 示例

图 6-8 所示的 Card 组件对应的代码详见代码清单 6-4。

代码清单 6-4：allocation 滑块卡片

```
slider_card = dbc.Card(
    [
        html.H4("First set cash allocation %:", className="card-title"),
        dcc.Slider(
            id="cash",
            marks={i: f"{i}%" for i in range(0, 101, 10)},
            min=0,
```

```
                max=100,
                step=5,
                value=10,
                included=False,
            ),
            html.H4("Then set stock allocation % ", className="card-title mt-3",),
            html.Div("(The rest will be bonds)", className="card-title"),
            dcc.Slider(
                id="stock_bond",
                marks={i: f"{i}%" for i in range(0, 91, 10)},
                min=0,
                max=90,
                step=5,
                value=50,
                included=False,
            ),
        ],
        body=True,
        className="mt-4",
        )
```

在以上代码中，针对以上 allocation 滑块标题，使用了 Dash 组件 html.H4 将其设置为 4 级标题，使用了 Bootstrap 的 card-title 类为该主题设置了彼此一致的间距。

dcc.Slider 是 Dash 的核心组件。在本书第 5 章中，曾介绍过 dcc.RangeSlider，可以让用户选择范围的开始值和结束值。dcc.Slider 与此类似，但是只允许用户选择单个值。给滑块一个可以在回调中引用的 id，在滑块上设置 marks、min、max、step、value 五个初始值供用户选择。以上就是应用程序启动时，用户看到的默认设置。

included 属性可以设置滑轨的样式。默认情况下，滑块手柄之前的导轨部分被高光突出显示。然而，我们指定了离散值，因此不再按照默认方式突出显示范围，而是突出显示具体的数值。为了达到以上目的，我们采用的具体方法就是设置 included=False。

在应用程序中查看其他卡片，就会发现它们的构造方式彼此相似，只是卡片内包含的组件各不相同，比如 dbc.RadioItems 组件、dbc.InputGroup 组件、dcc.Markdown 组件等。

6.6.3 输入容器

dbc.Input 组件可以处理用户的输入，而 dbc.InputGroup 是一个容器，相比 dbc.Input 组件，功能更多，比如增加了图标、文本、按钮和下拉菜单等。

下面将介绍如何在应用程序中使用 dbc.InputGroup，创建变量名为 input_groups 的表单，如

图 6-9 所示。

Start Amount $	10000
Start Year	2007
Number of Years:	15
Ending Amount	**$30,639**
Rate of Return(CAGR)	**7.8%**

● 图 6-9 Input 输入表单

在以上表单中，每行是一个 dbc.InputGroup 项，因此在这个容器内共有 5 项。在本示例中，并没有使用 Card 作为容器，而是使用了 html.Div 容器，原因在于默认情况下 html.Div 容器没有边框和填充，代码如下：

```
input_groups = html.Div(
    [start_amount, start_year, number_of_years, end_amount, rate_of_return],
    className="mt-4 p-4",
)
```

针对以上 5 项，需要分别定义 InputGroup 每一项，并将其添加到 html.Div 容器中。由于过程类似，因此只详细介绍其中的第二项“Start Year”：

```
start_year = dbc.InputGroup(
    [
        dbc.InputGroupText("Start Year"),
        dbc.Input(
            id="start_yr",
            placeholder=f"min {MIN_YR} max {MAX_YR}",
            type="number",
            min=MIN_YR,
            max=MAX_YR,
            value=START_YR,
        ),
    ],
    className="mb-3",
)
```

使用 dbc.InputGroupText 组件可以在输入框之前、之后或两侧添加文本，这样可以使表格看

起来更加清楚、明白。例如，在本示例中，使用 dbc.InputGroupText(" Start Year")，就可以在 dbc.Input 输入框之前显示文本“Start Year”。

随后，设置了 dbc.Input 属性 min、max，给定可接受范围的数值，type 用于确定只接受数字，这些限定有助于数据校验。对于最小值 min 和最大值 max，使用了前文介绍过的 MIN_YR 和 MAX_YR 全局变量。如果输入框内容为空，则 placeholder 将显示关于数值有效范围的信息。因为我们在更新数据文件时使用了全局变量，所以不必因为新的日期范围而对该组件进行任何修改。

最后两个 InputGroup 项实际上并不是用于输入，而是用于显示结果。由于设置 disabled = True，因此不能输入任何内容。将其背景色设置为灰色，可以明显区别于其他项。在后续的回调中，将使用投资结果更新该输入框中的内容。以上将输入组件用作输出显示的做法，可能看起来很奇怪，但是这样做可以使该组 5 项整体看起来协调一致。另外，将来我们会允许在此处输入数据。比如，用户可以输入最终达到的美元金额（预期目标），然后查看需要投资多少金额以及需要投资多长时间才能在不同的市场条件下达到该目标。最后一项 rate_of_return 的代码如下所示：

```
rate_of_return = dbc.InputGroup(
    [
        dbc.InputGroupText(
            "Rate of Return(CAGR)",
            id="tooltip_target",
            className="text-decoration-underline",
        ),
        dbc.Input(id="cagr", disabled=True, className="text-black"),
        dbc.Tooltip(cagr_text, target="tooltip_target")
    ],
    className="mb-3",
)
```

6.6.4 提示工具

提示工具是指当用户将鼠标指向某组件时出现的提示文本，如图 6-10 所示。要添加提示工具，可以使用 dbc.Tooltip 组件并使用 Bootstrap 对其进行样式设置。用户只需要指定 Tooltip 的 target id，并不需要回调。在本章应用程序中，CAGR 这个术语对很多人而言都很陌生，因此我们使用 dbc.Tooltip 组件对其进行信息提示。在上一节代码的末尾处，读者可以看到 rate_of_return 输入组中的提示工具代码。

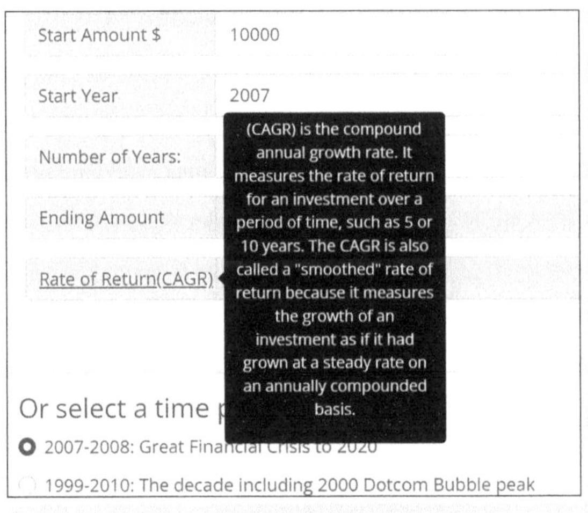

● 图 6-10 提示工具示例

6.6.5 数据表

DataTable 是一个交互式表格，可用于查看、编辑和浏览大型数据集。本章应用程序仅使用了 DataTable 的一小部分功能。如果读者想了解更多示例，想深入了解其强大功能，请自行查看 Dash 文档。在本章应用程序中，使用了 DataTable，用于在 Results 选项卡中显示 total_returns_table，如图 6-11 所示。

该应用程序所使用的 DataTable 的代码详见代码清单 6-5。

代码清单 6-5：图 6-11 所示 DataTable 的代码

```
total_returns_table = dash_table.DataTable(
    id="total_returns",
    columns=[{"id": "Year", "name": "Year", "type": "text"}]
    +[
        {"id": col, "name": col, "type": "numeric", "format": {"specifier": "$,.0f"}}
        for col in ["Cash", "Bonds", "Stocks", "Total"]
    ],
    page_size=15,
    style_table={"overflowX": "scroll"},
)
```

与其他元素一样，将 DataTable 分配给一个变量，以便后续在布局中对其进行调用。然后，使用以下组件属性来定义该表格。

- 表格 ID 为“total_returns”，在后续回调中使用该表格 ID 来识别这个组件。

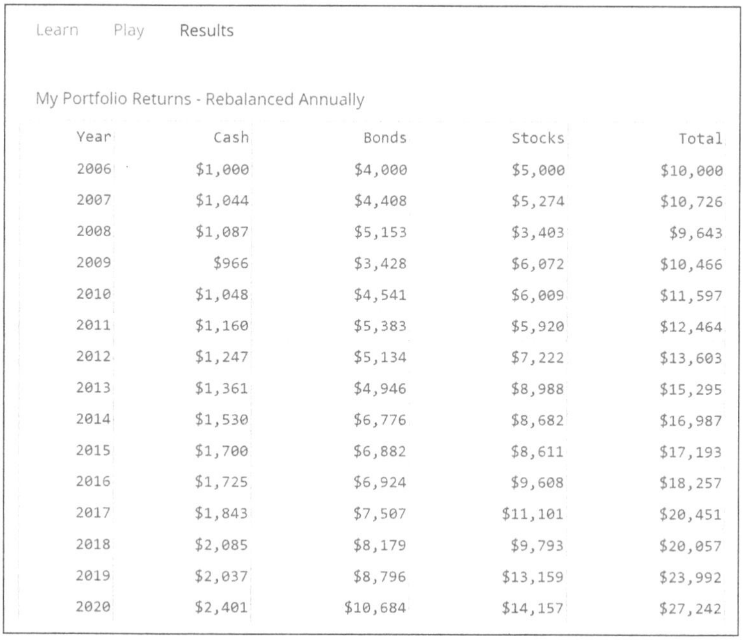

Learn　Play　Results

My Portfolio Returns - Rebalanced Annually

Year	Cash	Bonds	Stocks	Total
2006	$1,000	$4,000	$5,000	$10,000
2007	$1,044	$4,408	$5,274	$10,726
2008	$1,087	$5,153	$3,403	$9,643
2009	$966	$3,428	$6,072	$10,466
2010	$1,048	$4,541	$6,009	$11,597
2011	$1,160	$5,383	$5,920	$12,464
2012	$1,247	$5,134	$7,222	$13,603
2013	$1,361	$4,946	$8,988	$15,295
2014	$1,530	$6,776	$8,682	$16,987
2015	$1,700	$6,882	$8,611	$17,193
2016	$1,725	$6,924	$9,608	$18,257
2017	$1,843	$7,507	$11,101	$20,451
2018	$2,085	$8,179	$9,793	$20,057
2019	$2,037	$8,796	$13,159	$23,992
2020	$2,401	$10,684	$14,157	$27,242

● 图 6-11　Results 选项卡的完整内容

- 列 ID 与 pandas DataFrame 的列名相匹配，使用它来更新单元格中的数据。
- 列 name 是显示在列标题中的文本。
- 列 type 将数据类型设置为 text 或 numeric。
- "format"：{"specifier"："$,.0f"} 使用美元符号（$）和小数位的 0 来对单元格进行格式化，以便数据能够以整数显示。注意，数据类型（type）必须是数字（numeric）才能正确进行格式化。
- page_size 属性可以控制表格高度并在表格底部添加分页按钮。本应用程序将其设置为 15，所以每页显示 15 行。如果表格溢出父容器，则可以使用 style_table = {"overflowX"："scroll"} 语法，通过添加滚动条来控制宽度。

6.6.6　内容表格

dbc.Table 组件可以很好地使用 Bootstrap 主题来设置基本 HTML 表格的样式。如果只需要显示几项内容，HTML 表格就很方便，并且 HTML 表格可以包含其他 Dash 组件（比如 dcc.Graph 或 dbc.Button）作为内容。而 Dash DataTable 却不能包含其他 Dash 组件。

在本章应用程序中，我们使用 dbc.Table 创建汇总表，如图 6-12 所示。dbc.Table 组件中包含了 Dash 组件，而且在汇总表中使用了 FontAwesome 图标。

	Rate of Return (CAGR) from 2006 to 2021	Worst 1 Year Return
Cash	0.7%	0.0% in 2014
Bonds	4.3%	-11.1% in 2009
Stocks	10.6%	-36.5% in 2008
Inflation	2.2%	

● 图 6-12　来自 Asset Allocation Visualizer 应用程序的汇总表

代码清单 6-6 展示了其中一部分代码，总体而言，我们使用函数来创建这个汇总表。

代码清单 6-6：汇总表代码节选

```
def make_summary_table(dff):
    # Create new dataframe with info to include in the table
    df_table = pd.DataFrame(...)
    return dbc.Table.from_dataframe (df_table, bordered=True, hover=True)
```

本章后续内容中将在回调中使用以上函数。该函数的参数为 DataFrame，依据用户输入所创建。然后又创建了另外一个 DataFrame，存放想要在汇总表中显示的信息。在以上代码中，使用 dash-bootstrap-components 的辅助函数 dbc.Table.from_dataframe( ) 构建了 HTML 表格。

6.6.7　Markdown 文本

Markdown 是一种为网页设置文本格式的标记语言。Markdown 可以使用粗体、斜体、标题、列表等为文本添加和设置格式。若读者想了解 Markdown 语法的更多信息，请查看 https://commonmark.org/help 上的相关教程。

下面就使用 dcc.Markdown 组件为本章应用程序添加格式化文本，如图 6-13 所示。

Learn　Play　Results

> **Asset allocation** is one of the main factors that drive portfolio risk and returns. Play with the app and see for yourself!
>
> Change the allocation to cash, bonds and stocks on the sliders and see how your portoflio performs over time in the graph. Try entering different time periods and dollar amounts too.

● 图 6-13　使用 Markdown 为文本添加格式

Markdown 语法使用“ ** ”对文本进行加粗，使用“>”对文本进行区块引用（blockquote）。下面是该 Markdown 组件的代码：

```
asset_allocation_text = dcc.Markdown(
    """
    > **Asset allocation** is one of the main factors that drive portfolio risk and re-
turns. Play
    with the app and see for yourself!
    > Change the allocation to cash, bonds and stocks on the sliders and see how your portfo-
lio performs over time in the graph.
    Try entering different time periods and dollar amounts too.
    """
)
```

要达到以上应用程序中的区块引用显示效果，还需要再多加一步操作。区块引用通常是对不同来源内容的扩展引用，但也可用于重复或突出显示某些内容。区块引用往往有额外的边距、填充或其他形式，以使区块引用的内容格式与其他内容有所不同，达到突出显示的效果。这也正是我们会在这种特殊情况下选择它的原因。

在 Bootstrap 中，区块引用的默认样式是：

```
blockquote {
    margin: 0 0 1rem;
}
```

在以上默认样式中，顶部和右侧都没有边距，底部边距只有 1rem（rem 是根元素的字体大小，通常为 16 像素）。这样的显示效果并不能真正达到使文本“脱颖而出”的效果，因此我们加大了边距，并增添了一些颜色，详见以下代码：

```
blockquote {
    border-left: 4px var(--bs-primary) solid;
    padding-left: 1rem;
    margin-top: 2rem;
    margin-bottom: 2rem;
    margin-left: 0rem;
}
```

在以上代码中，添加了一个 4 像素宽的左边框，将区块引用内容的颜色与页眉和页脚相匹配，还增加了一些边距和填充。下面介绍在使用 Bootstrap 时非常有用的 CSS 技巧：用户不必使用十六进制数字指定颜色，比如#446e9b，而是直接使用 Bootstrap 颜色名称，比如 var(--bs-primary)，这一串代码会将区块引用内容的颜色与 Bootstrap 主题中的“primary”颜色进行匹配。如果用户更改了应用程序中的 Bootstrap 主题，那么这个区块引用的左边框颜色将自动更新为新主题的“primary”颜色，这样就可以使应用程序中的所有内容看起来色调一致。

以上自定义 CSS 保存在 assets 文件夹中名为 mycss.css 的文件中。当然，用户可以随意命名该文件，但是文件的扩展名必须是.css，以便 Dash 可以自动将这个自定义 CSS 包含在本应用程序中。

6.7 使用 Plotly Graph Objects 创建饼图

本节将介绍如何使用 Plotly Graph Objects 创建图形，Plotly Graph Objects 的选项比 Plotly Express 更加复杂。在本章应用程序中，当用户移动滑块手柄时，资产配置饼图就会随之进行实时更新，如图 6-14 所示。

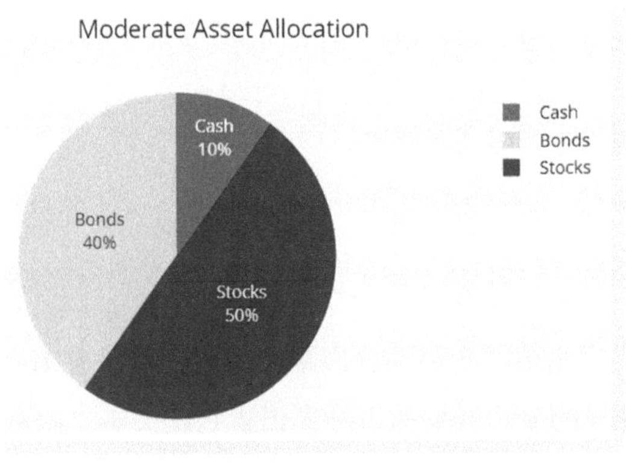

● 图 6-14 Plotly 饼图示例

在本书前几章中，都是使用 Plotly Express 来创建图形，本节将使用 Plotly Graph Objects 创建图形。Plotly Express 预配置了许多常用参数，因此用户只需要使用很少的代码就可以快速制作图表。但是，当用户有更多自定义诉求时，就会更喜欢使用 Plotly Graph Objects。如何创建以上饼图，详见代码清单 6-7。

代码清单 6-7：创建 Plotly Graph Objects 饼图

```
def make_pie(slider_input, title):
    fig = go.Figure(
        data=[
            go.Pie(❶
                labels=["Cash", "Bonds", "Stocks"],
```

```
                values=slider_input,
                textinfo="label+percent",
                textposition="inside",
                marker={"colors": [COLORS["cash"], COLORS["bonds"], COLORS["stocks"]]},❷
                sort=False,❸
                hoverinfo="none",
            )
        ]
    )
    fig.update_layout(
        title_text=title,
        title_x=0.5,
        margin=dict(b=25, t=75, l=35, r=25),
        height=325,
        paper_bgcolor=COLORS["background"],
    )
    return fig
```

要创建以上饼图，首先使用 fig=go.Figure，这里的 Figure 语法是 plotly.graph_objects 模块中定义的一个主要类（通常作为 go 导入），代表整个图形。之所以使用这个类，是因为它带有许多简单的方法来操作属性，包括.update.layout()和.add.trace()。事实上，Plotly Express 函数使用图形对象并返回 plotly.graph_objects.Figure 实例。

在以上代码的第❶行，Plotly Graph Objects 中的饼图对象是 go.Pie，用户可以为饼图中的每个部分自定义颜色。注意，在第❷行代码中，使用 COLORS 字典作为全局变量，而不是直接为 marker 设置颜色。这意味着如果用户以后决定更改颜色，只需要更新 COLORS 字典中的代码，而不需要更新其他代码。在本章应用程序中，我们希望在资产的数值发生变化时，该资产的颜色保持不变，因此在第❸行代码中，设置 sort=False（默认值为 sort=True，并且对资产的值按降序进行排序，因此最大资产值始终是同一种颜色）。

与前文代码清单 6-6 中的表格创建类似，在函数中创建了这个饼图，以便后续可以在回调中对其更新，该函数的输入参数为滑块的值和标题的值。

6.8 使用 Plotly Graph Objects 创建折线图

本节介绍如何使用 Plotly Graph Objects 创建折线图，并可以自定义每条数据线的颜色和标记。如果使用 Plotly Express，那么代码会相当冗长。

与上节做法类似，我们依然在函数中创建折线图，输入参数为 DataFrame。该 DataFrame 来自用户选择：资产配置、时间段、起始金额和投资年数。在本章后续的回调部分中，将介绍如何创建以上 DataFrame。折线图效果如图 6-15 所示。

● 图 6-15　Plotly 折线图示例

如何创建以上折线图，详见代码清单 6-8。

代码清单 6-8：创建 Plotly Graph Objects 折线图

```
def make_line_chart(dff):
    start = dff.loc[1, "Year"]
    yrs = dff["Year"].size - 1
    dtick = 1 if yrs < 16 else 2 if yrs in range(16, 30) else 5

    fig = go.Figure() ❶
    fig.add_trace(
        go.Scatter(
            x=dff["Year"],
            y=dff["all_cash"],
            name="All Cash",
            marker_color=COLORS["cash"],
        )
    )
    fig.add_trace(
        go.Scatter(
            x=dff["Year"],
            y=dff["all_bonds"],
            name="All Bonds (10yr T.Bonds)",
            marker_color=COLORS["bonds"],
```

```
        )
    )

    # For brevity, the traces for "All Stocks", "My Portfolio", and "Inflation" are excluded

    fig.update_layout(
        title=f"Returns for {yrs} years starting {start}",
        template="none",
        showlegend=True,
        legend=dict(x=0.01, y=0.99),
        height=400,
        margin=dict(l=40, r=10, t=60, b=55),
        yaxis=dict(tickprefix="$", fixedrange=True),
        xaxis=dict(title="Year Ended", fixedrange=True, dtick=dtick),
    )
    return fig
```

通过使用 graph_objects，可以轻松地自定义折线图中的每一条数据线（在本例中是一条折线）。首先，在第❶行代码中，使用 fig=go.Figure()创建图形，然后使用 fig.add_trace()将每条折线分别添加到图表中。在该函数中，x 属性和 y 属性分别是图形的 x 轴数据与 y 轴数据。每条折线的 x 轴数据是 Years，来自 DataFrame 的 Year 列；y 轴数据为 DataFrame 相应列中的数据。例如，“All Cash”行的数据位于 DataFrame 的 dff ["all_cash"] 列中。name 属性会显示在图例中，并会出现在鼠标指向该折线时弹出的提示信息中。marker_color 属性可以设置每条折线的颜色。能够对折线进行自定义的属性还有许多，读者可以自行阅读 Plotly 文档。

在以上代码中，使用 fig.update_layout()方法来自定义该图形中非数据信息的位置和配置，例如设置标题、高度、边距。下面详细介绍 yaxis 属性和 xaxis 属性。

- tickprefix="$"，向 y 轴上的数值添加美元符号。
- fixedrange=True，禁用 x 轴和 y 轴的缩放。这样做可以防止在触摸屏上的意外缩放，比如，用户滚动页面时，却意外地发现图形被放大了。
- dtick=dtick，用于设置 x 轴上各个数值之间的步长。当用户选择不同的时间段时，就可以看到 x 轴数值的变化。步长计算方法如下：

```
dtick = 1 if yrs < 16 else 2 if yrs in range(16, 30) else 5
```

6.9 Dash 回调

本节内容比较有趣，因为回调使应用程序具有交互性。只要输入组件的属性发生变化，就会自动调用回调函数。首先介绍一个简单的回调：根据两个滑块的值来更新饼图。

下面介绍如何在不触发回调的情况下使用 State 获取数据。

然后，讨论一个回调，通过将相同的参数用作输入和输出来同步组件。

最后，展示包含多个输入和多个输出的回调，并展示如何在回调中使用函数来助力大型回调的管理。

6.9.1 交互式图表

首先介绍应用程序中用于更新饼图的回调。

第一步，定义该回调：

```
@app.callback(
    Output("allocation_pie_chart", "figure"),
    Input("stock_bond", "value"),
    Input("cash", "value"),
)
```

该回调中包含 Output，通过更新 dcc.Graph 的图形属性来更新饼图。可以在 app.layout 中找到此 dcc.Graph。

```
dcc.Graph(id="allocation_pie_chart", className="mb-2")
```

在 Output 之后，定义了该回调中的两个 Input，其中一个 Input 来自 id 为 “stock_bond” 的滑块的 value 属性，另一个 Input 来自 id 为 “cash” 的滑块的 value 属性。

第二步，创建回调函数，详见代码清单 6-9。

代码清单 6-9：回调函数 update_pie( )

```
def update_pie(stocks, cash):
    bonds = 100 - stocks - cash
    slider_input = [cash, bonds, stocks]

    if stocks >= 70:
        investment_style = "Aggressive"
    elif stocks <= 30:
        investment_style = "Conservative"
    else:
        investment_style = "Moderate"
    figure = make_pie(slider_input, investment_style + " Asset Allocation")
    return figure
```

在以上代码中，首先根据用户在滑块上选择的现金和股票来计算债券的百分比：bonds =

100-stocks-cash。

第三步，更新饼图标题的文本。规则如下：投资组合中股票配置大于或等于 70% 属于“激进”（Aggressive）的投资风格，小于或等于 30% 属于“保守”（Conservative）的投资风格，介于两者之间则为“适度”（Moderate）的投资风格。当用户移动滑块时，此标题会随之进行动态更新。将这个标题作为属性传递给 make_pie( ) 函数。

最后一步，通过调用代码清单 6-7 中已定义的函数 make_pie( ) 来创建图表。通过使用函数来创建图形，可以减少回调中所包含的代码数量，也可以在其他回调中使用该函数。这样做可以提高代码的可读性和可维护性。

现在，我们可以启动应用程序，尝试移动滑块，查看饼图的更新情况，并理解更新的实现过程了。

6.9.2 使用 State 的回调

另一个回调为单向同步回调，即“现金”（"cash"）滑块的更新可以同步更新“股票债券”（"stock_bond"），但是“股票债券”滑块的更新不会同步更新“现金”滑块。当用户选择“现金”滑块上的现金分配后，就会更新“股票债券”滑块组件，代码如下：

```
@app.callback(
    Output("stock_bond", "max"),
    Output("stock_bond", "marks"),
    Output("stock_bond", "value"),
    Input("cash", "value"),
  ❶ State("stock_bond", "value"),
)
❷ def update_stock_slider(cash, initial_stock_value):
    max_slider = 100 - int(cash)
    stocks = min(max_slider, initial_stock_value)

    # 格式化滑块比例
    if max_slider > 50:
        marks_slider = {i: f"{i}%" for i in range(0, max_slider + 1, 10)}
    elif max_slider <= 15:
        marks_slider = {i: f"{i}%" for i in range(0, max_slider + 1, 1)}
    else:
        marks_slider = {i: f"{i}%" for i in range(0, max_slider + 1, 5)}
    return max_slider, marks_slider, stocks
```

在以上第❶行代码的函数定义中，使用了 State，因为我们需要首先知道滑块上的当前输入值，才能计算出新的输出值。State 并不触发回调，其作用是在触发回调时提供属性的当前值

（状态）。

在以上第❷行代码中，开始回调函数。如果用户对现金分配比例进行了选择，程序就会依此更改股票或债券的比例。例如，如果用户将现金更改为 20%，那么股票的最大比例就是 80%，因此需要将“股票债券”（"stock_bond"）滑块的最大值更新为最大比例 80%。

在以上代码中，通过更新刻度的方式，对滑块的范围进行了更新。注意，在图 6-16 的上半图中，股票配置百分比的滑块每增加一个刻度，数量增加 10%；而在下半图中，股票配置百分比的滑块每增加一个刻度，数量增加 1%。

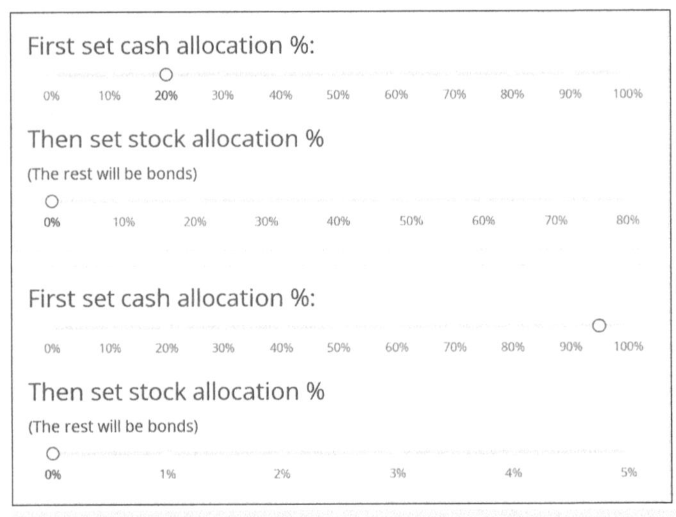

● 图 6-16　更新前（上半图）和更新后（下半图）的现金与股票分配滑块范围

程序根据滑块的最大值来计算滑块的刻度。比如，在下半图的一组滑块中，现金配置为 95%，因此股票配置的最大值为 5%，这就意味着创建滑块刻度的函数中的 max_slider 值为 5：

```
marks_slider = {i: f"{i}%" for i in range(0, max_slider + 1)}
```

以上语句显然比下面语句简洁、紧凑：

```
marks_slider={
    0:'0%',
    1:'1%',
    2:'2%',
    3:'3%',
    4:'4%',
    5:'5%'
},
```

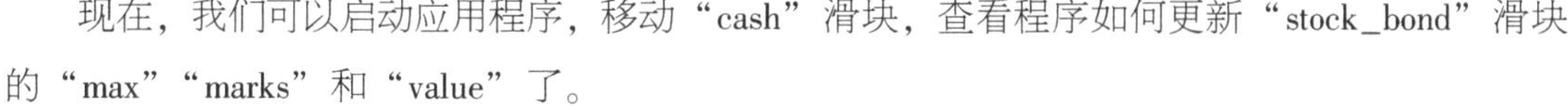

现在，我们可以启动应用程序，移动“cash”滑块，查看程序如何更新“stock_bond”滑块的“max”“marks”和“value”了。

6.9.3 循环回调和同步组件

上一节介绍了单向同步，本节介绍双向同步。比如，用户在设定某个值时，有两种选择，既可以在输入框中输入数字，也可以通过移动滑块来设置，因此必须使这两种方式输入的值相互匹配。这就是循环回调（circular callback）的例子，滑块的移动会更新输入框，输入框的变化也会更新滑块的位置。

本章应用程序将使用循环回调来同步控制面板中的一些组件。首先，请读者回顾一下，用户可以在输入框中输入起始年份、计划投资年数（如 10 年）来计算投资回报，另外也可以从列表中选择某个特殊时期（比如大萧条时期）。以下回调将使这 3 个输入保持同步。当用户在列表中选择 Great Depression 时，该回调将输入框中的开始年份更改为 1929 年，并将计划投资年数更改为 20 年。如果用户随后在输入框中输入“2010”，就不再是大萧条时期，因此取消选择 Great Depression 单选按钮。

以上循环回调，详见以下代码：

```
@app.callback(
    Output("planning_time", "value"),
    Output("start_yr", "value"),
    Output("time_period", "value"),
    Input("planning_time", "value"),
    Input("start_yr", "value"),
    Input("time_period", "value"),
)
```

注意，在@ app.callback 装饰器函数下，3 个 Output 与 3 个 Input 一一对应，完全相同，目的就是同步这 3 个组件的值。回调函数如代码清单 6-10 所示。

代码清单 6-10：实现同步的回调函数

```
def update_time_period(planning_time, start_yr, period_number):
    """syncs inputs and selected time periods"""
  ❶ ctx = callback_context
  ❷ input_id = ctx.triggered[0]["prop_id"].split(".")[0]

    if input_id == "time_period":
        planning_time = time_period_data[period_number]["planning_time"]
        start_yr = time_period_data[period_number]["start_yr"]
```

```
    if input_id in ["planning_time", "start_yr"]:
        period_number = None

    return planning_time, start_yr, period_number
```

为了正确地更新输出，需要知道 3 个输入中的哪一个输入触发了回调。在以上第❶行代码中，使用了另一个高级回调功能来找到该触发输入：callback_context。这是一个全局变量，仅在 Dash 回调中可用。callback_context 中有一个 triggered 属性，是一个已更改属性的列表。在第❷行代码中，通过解析该列表，就可以查找到触发输入的 id。

接下来，根据触发回调的输入，使用 input_id 更新不同的内容。若由用户选择的时间段所触发，就更新年份输入框和投资计划时间输入框。若由用户在输入框中输入内容所触发，就取消选择时间段的单选按钮。这样就可以使 UI（用户界面）保持同步。

注意，为了实现以上组件同步，需要将输入和输出放置于同一个回调中，详细内容将在下一节介绍。

6.9.4 具有多个输入和多个输出的回调

Dash 目前有一个局限性，不允许用多个回调来更新同一个输出。针对此局限性，唯一可行的解决方案是将更新同一个输出的所有输入放置于同一个回调中。此方法的缺点是这样的回调会变得庞大且复杂，程序代码难以理解、难以维护、难以调试。为了克服上述缺点，在回调中为每个进程创建单独的函数，如代码清单 6-11 所示。

该回调是这款应用程序的主力。每当滑块发生变化，或者输入框中的内容发生变化时，都会触发此回调，以便更新总收益表、折线图、汇总表、投资期满财产金额和回报率。如果在此回调中包含所有代码，那么此回调将长达数百行，显然不能这样做。以下代码清单只有 15 行（不包括注释和空格），能够做到如此简洁，归功于我们创建和调用了若干个处理特定更改的函数，详见代码清单 6-11。

代码清单 6-11：对多个输出进行更新的回调

```
@app.callback(
    Output("total_returns", "data"),
    Output("returns_chart", "figure"),
    Output("summary_table", "children"),
    Output("ending_amount", "value"),
    Output("cagr", "value"),
    Input("stock_bond", "value"),
```

```
    Input("cash", "value"),
    Input("starting_amount", "value"),
    Input("planning_time", "value"),
    Input("start_yr", "value"),
)
def update_totals(stocks, cash, start_bal, planning_time, start_yr):
    # 为无效输入设置默认值
    start_bal = 10 if start_bal is None else start_bal
    planning_time = 1 if planning_time is None else planning_time
    start_yr = MIN_YR if start_yr is None else int(start_yr)

    # 计算有效计划时间 start_yr
    max_time = MAX_YR + 1 - start_yr
    planning_time = min(max_time, planning_time)
        if start_yr + planning_time > MAX_YR:
    start_yr = min(df.iloc[-planning_time, 0], MAX_YR) # 0 是 Year 列

    # 创建投资回报 DataFrame
    dff = backtest(stocks, cash, start_bal, planning_time, start_yr)

    # 为 DataTable 创建数据
    data = dff.to_dict("records")

    fig = make_line_chart(dff) ❶

    summary_table = make_summary_table(dff) ❷

    # 格式化期末余额
    ending_amount = f"${dff['Total'].iloc[-1]:0,.0f}"

    # 计算年增长率 cagr
    ending_cagr = cagr(dff["Total"])

    return data, fig, summary_table, ending_amount, ending_cagr
```

在以上代码中，第❶行是本章前面“使用 Plotly Graph Objects 创建折线图”部分（6.8 节）中描述过的函数，用于制作折线图；第❷行是本章前面“内容表格”部分（6.6.6 节）中描述过的函数，可以制作汇总表。在以上代码中，使用函数 backtest( )和 cagr( )来计算投资回报，这些函数在本章中没有详细讨论，读者可以在 GitHub 上的代码辅助函数部分了解详情。

6.10 小结

本章概括了构建大型应用程序的以下策略：

- 将应用程序中诸如主题颜色和启动默认值等恒定数据设置为全局变量。
- 为组件分配变量名，以便在布局中进行调用，也便于在其他应用程序中重用该组件。
- 整理代码，将相似的元素放在一起，如表格、图形和输入区域。
- 函数使代码更有逻辑性，更易于阅读和理解，如具有多个输入和输出的回调。

在开发大型应用程序或向现有应用程序添加新功能时，建议读者先创建一个具有新功能的独立最小示例，因为小版本程序更易于调试，一旦出错，不必搜索成百上千行代码来查找错误源。

下一章将介绍更多构建应用程序的技术，比如使用多个文件和可重用组件来构建应用程序。

第7章 探索机器学习

本章将介绍如何使用 Dash 直观地探索和展示机器学习模型与分类算法。假设，用户需要为自动驾驶汽车创建一个机器学习模型，需要区分人、植物和其他汽车，需要向其他程序员和非技术管理人员展示并讲解该模型的工作原理，就可以使用仪表板应用程序，以直观、实时的方式进行可视化呈现。

本章首先介绍支持向量机（Support Vector Machine，SVM）概念，它是一类按监督学习（supervised learning）方式对数据进行二元分类的广义线性分类器（generalized linear classifier），是一种流行的机器学习分类算法。SVM 提供了一种对数据进行分类的方法，告诉我们如何准确地拆分数据，并放在正确的类别中，以便在仪表板应用程序中使用各种绘图类型和可视化图形实现 SVM 的可视化。

然后，介绍如何使用功能强大的 NumPy 库进行数值计算，如何使用 scikit-learn（一个免费软件机器学习库）中易于掌握的机器学习算法。图库是专业人士编写的高级仪表板应用程序的基础，读者将体验到图库的美妙。

接下来，本章还将介绍包装器函数（wrapper functions），它是新的 Dash 概念，用于创建自定义可重用组件，可以提供比预定义 Dash 和预定义 HTML 组件更多的选项。读者将了解一些新的 Dash 标准组件，比如，等高线图和其他图形。本章还将介绍 Dash 加载微调器（load spinner），可以在加载特定仪表板组件时为用户提供视觉反馈。加载微调器对构建因计算负载过大而导致运行缓慢的大型仪表板应用程序非常有用。

注意：本章旨在帮助读者了解 Dash 相关功能，并帮助读者进一步提高编程技能，因此在任何内容上都不会太过深入。本章只提供相关信息，而不进行全面深入的讲解，因此，如果读者有自己特别感兴趣的内容，可以查看 Charming Data 的 YouTube 频道上的补充材料，也可以访问本书配套网站：https://learnplotlydash.com。

7.1 有助于机器学习模型直观呈现的仪表板应用程序

无论是在日常生活中，还是在计算机科学领域，机器学习都变得越来越普遍，因此我们有必要对其进行初步了解。机器可以在国际象棋比赛和围棋比赛中击败人类大师级选手，可以在许多交通场景中降低事故率，还可以在工厂环境中生产比人类工人更多的产品。在诸如此类的可量化较量中，机器往往完胜人类，因此可以在很大程度上解放人力。

但是，仅通过上述可量化性能指标来观察机器的有效性可能会存在危险，因为我们无法预判当机器无法从现有数据集学习时会有哪些极端表现，毕竟数据驱动的方法总是来源于过去的经验。如果一台机器在 100 年的股市历史中都没有观察到股市崩盘（崩盘概率为 95%），机器就不太可能在其模型中考虑股市崩盘，但崩盘可能在未来某一天就会发生。

为了减少以上风险，我们必须了解机器的“智能”从何而来。机器的假设是什么？机器得出结论的依据是什么？当出现极端输入时，机器的行为如何改变？来自 20 世纪 60 年代的机器学习模型必然会将负利率视为“极端”甚至“不可能”，但是身处当代的我们对负利率已经是耳熟能详了。

机器学习仪表板可以化解以上风险。仪表板是一种功能强大的工具，用于可视化机器内部的情况。我们可以训练一个模型，并观察其在变化输入时的表现。我们可以测试极端情况，可以将学习过度拟合到过去的数据来查看其内部情况并评估潜在的风险。

可视化机器学习模型可以向客户展示该模型，使他们能够使用输入参数，达到对模型的信任级别，这在命令行模型中是无法实现的。总之，仪表板有助于让机器的智能变得有迹可循。

7.1.1 分类

读者无须深入学习分类和 SVM 知识，就可以理解本章的应用程序。下面将详细介绍分类和 SVM 的一些细节内容，供有兴趣的读者了解。如果读者对分类和 SVM 毫无兴趣，则可以跳过这两节的内容，或将 SVM 算法视为黑盒中的内容，继续阅读本章的其余部分。

您是对分类感兴趣的读者吗？好！下面就介绍机器学习中分类问题的基础知识。

通常来说，分类问题就是为输入数据分配类别（类，class），可以是二类别问题（是/不是），也可以是多类别问题（在多个类别中判断输入数据具体属于哪一个类别）。比如，如果想根据训练数据预测学生可能会在大学期间学习什么专业，就会衡量学校中每个学生的创造性和逻辑思维能力。我们的目标是创建一种分类算法，可以根据创造性与逻辑思维能力特征，预测一个标签（学生的预测专业）。

SVM 就是一种分类（classification）算法，比如此仪表板应用程序中的可视化 SVM。分类算法获取一组数据，并根据从训练数据中学习到的模型，为每个数据点分配对应于特定类别的标签。具体而言，分类算法会搜索将数据分为两个或多个类别的决策边界（decision boundary）。线性 SVM 将 n 维空间中的决策边界建模为（$n-1$）维平面，将数据点分为两个类别。决策边界一侧的所有数据点都属于一个类，决策边界另一侧的所有数据点都属于另一个类。因此，假设可以在 n 维空间中表示所有数据点，就有（$n-1$）维决策边界，就可以使用这些决策边界对新数据进行分类，因为任何一个新数据点都会恰好落在边界的一侧。总而言之，分类的目标就是识别决策边界，以便很好地分开训练数据和测试数据。

图 7-1 是克里斯蒂安・迈耶所著图书 *Python One-Liners*（No Starch Press 出版社，2020）中的一个示例（稍作修改）。

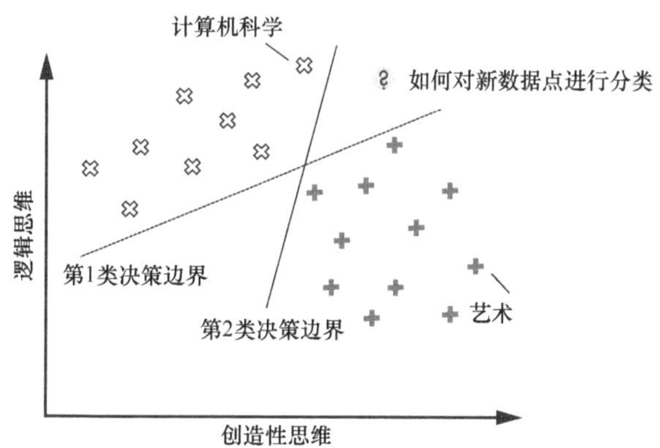

图 7-1　分类问题示例：不同的决策边界会导致不同的数据点分类（“计算机科学”或者“艺术”）

以上分类方案创建了一个分类模型，可以帮助大学生找到适合自己优势的研究领域。训练数据来自于计算机科学（computer science）和艺术（art）两个领域以前的学生。这些学生为我们提供了自己的逻辑思维能力和创造性思维能力评估。将他们上述两方面的能力作为数据点映射到二维空间中，创造性思维为横轴，逻辑思维为纵轴，可以看到数据是按类聚集的，计算机科学专业的学生往往逻辑思维能力更强，而艺术专业的学生往往创造性思维能力更强。使用这些数据找到决策边界，就可以使训练数据的分类精度最大化。从技术上讲，以上分类模型只能给学生提供参考建议，可以帮助他们了解自己的优势所在，并以此做出选择，但是并不能帮助他们决定应该最终选择什么专业。

接下来，我们依照新用户的逻辑力数据和创造力数据，使用决策边界对新用户进行分类。图 7-1 展示了两个线性分类器（两条线），使用这两条线作为决策边界，将数据点完美地进行了分离。这两个线性分类器在对测试数据进行分类时准确率达到 100%，因此这两条线都是很好的决策边界。为了使机器学习算法表现良好，必须明智地选择决策边界。如何能够找到最好的决策边界？

7.1.2 支持向量机（SVM）

SVM 尝试将来自两个类的最近数据点与决策边界之间的距离最大化，最近点与决策边界线之间的距离称为安全边际（margin of safety/safety margin），或简称为边际（margin）。这些与决策边界线之间的距离最近的数据点称为支持向量（support vectors）。通过寻求安全边际最大化，SVM 可以达到在对接近决策边界的新点进行分类时将错误最小化的目标。直观示例如图 7-2 所示。

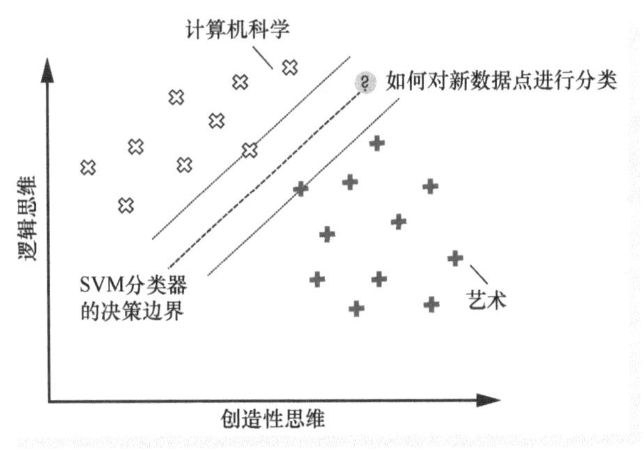

图 7-2 带有决策边界和支持向量的 SVM 分类示例

SVM 分类器找到每个类别的支持向量，并将一条线放置在距每个类别最远的位置（即中间位置），以便不同支持向量之间的区域尽可能大。这条线就是决策边界。在图 7-2 中，添加了一个需要分类的新数据点，由于该数据点的位置落在边缘区域，因此模型无法有把握地判断它属于艺术类还是计算机科学类。这很好地证明了 SVM 带有内置机制，明确告诉我们模型是否在执行边界分类。比如，SVM 会告诉我们创造力高的学生属于艺术类，逻辑思维能力高的学生属于计算机科学类，但是遇到创造力和逻辑思维能力都高的学生，SVM 就无法将其分配到任何类了。

注意，SVM 模型允许训练数据中存在异常值（outliers），这些数据点落在决策边界的一侧，但是实际上属于另一侧，真实世界的数据中常常出现此类情况。不过，本章并不会进一步探索这些 SVM 的优化问题，而是推荐读者查看本章末尾列出的优秀 SVM 分类教程。下面，我们立即去探索令人兴奋的仪表板应用程序。

7.2 SVM Explorer 应用程序

图 7-3 展示了如何使用 SVM Explorer 应用程序可视化 SVM，该应用程序是 Dash 库中的一个 Python 仪表板应用程序，可以使用各种绘图类型和可视化图形。欢迎读者访问 https://dash-gallery.plotly.host/dash-svm 体验实时项目。

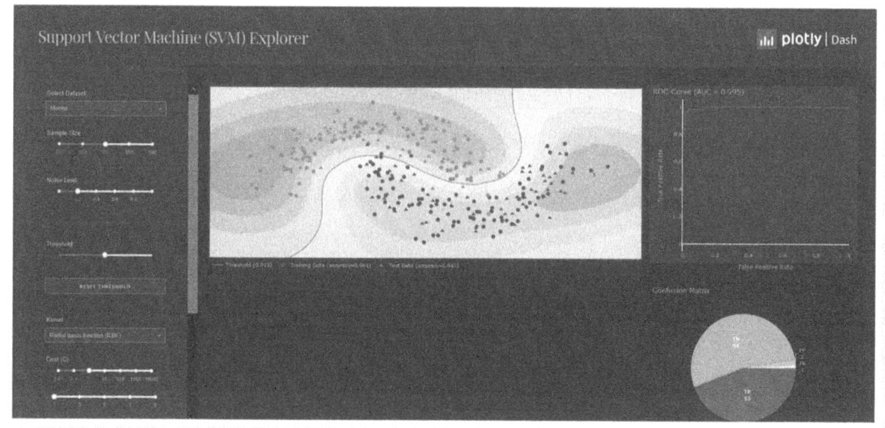

● 图 7-3　Dash 库中的 SVM Explorer 应用程序

首先，简要介绍 SVM Explorer 应用程序。该 App 展示了某个 SVM 模型如何对给定的训练数据集进行分类。用户可以使用仪表板控件（比如滑块、下拉菜单和单选按钮）来控制该模型。依照用户的不同选择，输出的可视化图形和绘图类型也会发生变化，这样就可以反映出 SVM 模型实例的变化。

该应用程序的作者之一 Xing Han，对 SVM Explorer 应用程序的描述如下：

SVM Explorer 应用程序完全是用 Dash 和 scikit-learn 编写而成的。所有组件可以用作 scikit-learn 函数的输入参数，该函数随后会生成用户更改参数后的模型。然后，该模型执行显示在等高线图上的预测，并对其预测进行评估，以创建 ROC（受试者工作特征）曲线和混淆矩阵。此外，该应用程序还使用 scikit-learn 生成用户可以看到的数据集，以及度量图所需的数据。

接下来，查看每一个可见组件。在仪表板左栏中有多个输入组件，分别介绍如下。

- Select Dataset 下拉菜单允许用户对用于训练和测试的合成数据集进行选择。默认选择是

Moons，因其数据集形似月亮而得名。通过 Select Dataset 下拉菜单，用户可以体验到 SVM 模型是如何处理具有不同固有属性的数据的。比如，用户可以选择 Circles 数据集（图 7-3 中未显示），这是一个非线性数据集。这两个待分类的数据集的形状分别就像一个内圆和一个围绕该圆的外环。SVM 模型居然可以对如此类型的数据进行分类！

- Sample Size（样本数量）滑块用于控制数据点的数量。通常来说，样本数量越大就意味着模型更准确，这就是为什么机器学习公司永远不会停止收集更多数据！但是，在本章仪表板程序中，过大的样本量可能会导致可视化卡顿、不顺畅。
- Noise Level（噪声水平）滑块可以控制添加到数据中的高斯噪声的标准偏差。噪声水平越高就意味着模型越不准确，因为噪声会降低数据模式的清晰度，导致在训练阶段很难找到用于分离数据点的决策边界。用户可使用 Noise Level 滑块检测 SVM 模型在实践中的鲁棒性，因为现实世界的数据往往很“嘈杂”。
- Threshold 滑块可以向某个类或另一个类添加偏差。粗略地说，通过增加阈值，可以将决策边界从 A 类移向 B 类，结果就是数据点被分为 A 类的可能性增加。反之亦然，通过降低阈值，可以将决策边界从 B 类移向 A 类，结果就是数据点被分为 B 类的可能性增加。例如，如果阈值为 0.4，则任何大于 0.4 的评价分数都被认为是正预测，即判断一个数据点属于某一类；任何小于 0.4 的评价分数都被认为是负预测，即判断一个数据点不属于某一类。
- Reset Threshold 按钮可以将阈值重置为默认值，在用户无须自定义阈值和偏差时可以使用该按钮。
- Kernel 下拉菜单、Cost 滑块和其他控件（比如 Gamma 滑块、Shrinking 单选按钮）可以进一步控制其他 SVM 参数，进而影响分类的准确性。若逐一介绍这些参数，则篇幅巨大，本节将略过此部分内容。如果读者非常有兴趣了解这些控件的相关知识，请随时查阅 *Introduction to Information Retrieval*（剑桥大学出版社，2008 年）一书中第 15 章内容，可以访问 https://nlp.stanford.edu/IR-book/pdf/15svm.pdf 获取免费阅读资源。

图 7-3 所示仪表板中有以下 3 个输出组件，它们随该模型的变化而变化：

- Dash Graph 组件是一个等高线图，可以在热图叠加层中可视化训练数据、测试数据、模型分类置信度。其中，点代表训练数据，三角形代表测试数据。红色数据点属于一类，蓝色数据点属于另一类。首先，基于样本数据的子集训练 SVM 模型，然后使用经过训练的模型对测试数据进行分类，并在可视化中绘制预测类别。
- ROC curve plot（曲线图）可以衡量某数据集上 SVM 模型的质量，真阳性率为分类正确的数据点比例，假阳性率为分类错误的数据点比例。

- confusion matrix（混淆矩阵）用于比较预测分类和实际分类。本示例中 confusion matrix 呈现为饼图，显示了测试数据 4 种分类的数量：真阳性（TP）为 53、真阴性（TN）为 64、假阳性（FP）为 2、假阴性（FN）为 1。可以说，混淆矩阵是另一种可以衡量 SVM 模型执行训练和分类效果的工具。

在本章末尾“资源”一节中，提供了以上 3 个输出组件 Dash Graph、ROC 曲线图、混淆矩阵的详情链接。本书作者建议读者花费 10~20 分钟时间，亲自动手玩转 SVM Explorer 应用程序，充分掌握每一个组件。

读者可以在 GitHub 存储库中找到该应用程序的代码，网址为 https://github.com/DashBook-Project/Plotly-Dash/tree/master/Chapter-7，完整代码超过 650 行，请读者不必担心，本章将只关注其中最重要的相关部分。我们尽力减少代码行数的初衷始终不变。自本章动笔写作以来，由于应用程序添加新样式等原因，作者已经对原始代码库进行了更新，但是该应用程序的核心并没有改变。我们在上述指定的 GitHub 上提供了原始代码存储库，以便读者可以下载，重现本章中的应用程序。下载原始代码，亲手实战操练可以产生事半功倍的学习效果。

下面一起来深入研究这些代码吧！

7.2.1 Python 库

我们站在巨人的肩膀上，依托几个 Python 库，创建自己的 SVM 仪表板应用程序。代码清单 7-1 显示了该项目中所使用的 Python 库。

代码清单 7-1：SVM 应用程序的依赖项

```
import time
import importlib

from dash import Dash, dcc, html, Input, Output, State
import numpy as np
from dash.dependencies import Input, Output, State
❶from sklearn.model_selection import train_test_split
from sklearn.preprocessing import StandardScaler
from sklearn import datasets
from sklearn.svm import SVC
```

在以上代码清单中，可以看到该应用程序导入了 core 组件和 HTML 组件的 Dash 库语句，以及 Dash 应用程序的整体功能。本章的核心代码包括 SVM 计算，但是本章并不是从头开始编写自己的 SVM，而是基于 scikit-learn 库的出色表现编写代码。因此，在以上代码中，先从 scikit-learn

库中导入了一些模块，并在第❶行代码中对其进行详细的介绍。如果读者对机器学习感兴趣，那么 scikit-learn 就是您最好的朋友！

7.2.2 数据管理

scikit-learn 库提供了一些很好的合成数据集，用于测试各种分类和预测算法。在代码清单 7-2 中，可以看到 generate_data( ) 函数如何使用样本数量、数据集类型、噪声水平动态创建数据集，这 3 项动态数据都在 SVM Explorer 应用程序的左侧窗格中进行指定，如图 7-3 所示。我们将使用函数 datasets.make_moons( )、datasets.make_circles( ) 和 datasets.make_classification( )，根据下拉菜单中获取的值，生成不同的数据集（分别为"moons"、"circles"、"linear"）。这些数据集稍后将用于训练和测试我们的 SVM。

代码清单 7-2：SVM 应用程序的数据管理

```
def generate_data(n_samples, dataset, noise):
    if dataset == "moons":
        return datasets.make_moons(
            n_samples=n_samples, noise=noise, random_state=0
        )

    elif dataset == "circles":
        return datasets.make_circles(
            n_samples=n_samples, noise=noise, factor=0.5, random_state=1
        )

    elif dataset == "linear":
        X, y = datasets.make_classification(
            n_samples=n_samples,
            n_features=2,
            n_redundant=0,
            n_informative=2,
            random_state=2,
            n_clusters_per_class=1,
        )

        rng = np.random.RandomState(2)
        X += noise * rng.uniform(size=X.shape)
        linearly_separable = (X, y)

        return linearly_separable

    else:
```

```
        raise ValueError(
            "Data type incorrectly specified. Choose an existing dataset."
        )
```

在以上代码中，数据管理代码由 if...elif...elif...else 语句组成，这些语句可以区分用户的输入，允许用户在 3 个数据集中进行选择："moons"、"circles"、"linear"。针对每一种选择，都会使用 scikit-learn 库的 dataset.make_X()函数创建新的数据集，该函数接受不同的输入参数（如样本数量），并返回 NumPy 数组数据。对其他输入参数感兴趣的读者，可以访问 https://scikit-learn.org/stable/modules/classes.html#module-sklearn.datasets。

7.3 布局和样式

布局和样式部分将介绍 SVM Explorer 应用程序的结构，以及构建该应用的基本 Dash 组件。首先，介绍项目的整体布局。

7.3.1 布局

对于大型应用程序的开发，app.py 文件中的代码行数就会变得非常多，多至难以管理。为了便于管理代码，SVM Explorer 应用程序包含一个 utils 文件夹，该文件夹带有两个辅助文件：dash_reusable_components.py 和 figures.py，这两个辅助文件中包含一些自定义 Dash 组件，本章将在后面内容中进行详细介绍，这两个辅助文件中还包含一些绘图和样式功能。像以上这样，将部分实用程序的功能从 app.py 文件中提取到一些导入的外部文件中的做法，对构造大型仪表板项目非常有意义，可以确保主要 app.py 文件简单、纯粹。

SVM Explorer 应用程序的结构如下所示：

```
- app.py
- utils/
    |--dash_reusable_components.py
    |--figures.py
```

SVM Explorer 应用程序的布局为 HTML 元素分层嵌套结构，如代码清单 7-3 所示。

代码清单 7-3：在 SVM 应用程序布局中缩放一个层级

```
app.layout = html.Div(
    children=[html.Div(...), # 标题等
        html.Div(...)] # 主体部分
)
```

在上面的代码中，外层 Div 的第一个子元素包含应用程序的标题、徽标和其他元信息；第二个子元素包含应用程序的主体，是应用程序的核心部分。代码清单 7-4 是 SVM Explorer 应用程序布局部分的完整代码，读者可以粗略浏览，以了解该应用程序的结构，我们稍后再详细讨论其中的相关部分。

代码清单 7-4：在 SVM 应用程序布局中缩放多个层级

```
❶app.layout = html.Div(
    children=[
        # 容器类是固定不变的，容器是可伸缩的
        ❷html.Div(
            className="banner",
            children=[
                html.Div(
                    className="container scalable",
                    children=[
                        # 在此更改应用程序名称
                        html.H2(
                            id="banner-title",
                            children=[
                                html.A(
                                    "Support Vector Machine (SVM) Explorer",
                                    href=("https://github.com/"
                                        "plotly/dash-svm"),
                                    style={
                                        "text-decoration": "none",
                                        "color": "inherit",
                                    },
                                )
                            ],
                        ),
                        html.A(
                            id="banner-logo",
                            children=[
                                html.Img(src=app.get_asset_url(
                                    "dash-logo-new.png"))
                            ],
                            href="https://plot.ly/products/dash/",
                        ),
                    ],
                )
            ],
        ),
        ❸html.Div(
```

```
            id="body",
            className="container scalable",
            children=[
                html.Div(
                    id="app-container",
                    # className="row",
                    children=[
                        html.Div(
                            # className="three columns",
                            id="left-column",
                            children=[
                                # 参见 Dash 组件
                            ],
                        ),
                        html.Div(
                            id="div-graphs",
                            children=dcc.Graph(
                                id="graph-sklearn-svm",
                                figure=dict(
                                    layout=dict(
                                        plot_bgcolor="#282b38",
                                        paper_bgcolor="#282b38"
                                    )
                                ),
                            ),
                        ),
                    ],
                )
            ],
        ),
    ]
)
```

以上代码中引用了本章将在后续部分讨论的样式表和 Dash 组件，因此目前读者不清楚其中的工作原理也属正常。由于使用了 dash-html-components 的分层嵌套 HTML 组件，因此以上 Dash 应用程序代码，从总体布局来看，堪称出色。在大型应用程序中，读者可以采用上述结构，在修改应用程序的外观时添加更多组件。

与前几章的小型应用程序一样，该应用程序由一个外部 Div❶组成，其中包含两个内部 Div 元素❷和❸，第一个内部 Div 包含主题信息，例如标题和徽标，第二个内部 Div 包含应用程序的主体部分。

在本章后续“可重用组件”一节中，将重点介绍不同的 Dash 组件，读者可以了解其各自的工作原理。

接下来，介绍用于设置 SVM Explorer 应用程序样式的 CSS 样式表。

7.3.2 样式

在本书第 4 章和第 5 章中都曾讲解过，可以使用 CSS 样式表或 dash-bootstrap-components 来设置 HTML 元素的样式。在本章应用程序中，我们依然选择 CSS 样式表，使用边距、填充、颜色、字体和边框来创建更加灵活的自定义外观。请读者注意，主要样式已经内置在默认的 Plotly Dash 组件中，因此作为 SVM Explorer 应用程序的创建者，使用自定义样式表只是在有限范围内增加一些自己的小创意。

在 assets 子文件夹中定义样式表，其结构如下：

```
- app.py
- assets/
     |--base-styles.css
     |--custom-styles.css
--snip--
```

由以上结构可见，我们使用了两个样式表：base-styles.css 文件和 custom-styles.css 文件，SVM Explorer应用程序创建者将二者添加到应用中。base-styles.css 样式表用于定义基本 HTML 元素（比如，标题、段落）的样式；custom-styles.css 样式表用于定义特定 Dash 元素（比如，自命名滑块、图形容器和卡片）的样式。下面，首先介绍在 base-styles.css 中如何定义默认样式。

base-styles.css 样式表由 13 个部分组成，如代码清单 7-5 所示，每个部分可以定义特定类型 HTML 元素的外观。

代码清单 7-5：base-styles.css 概览

```
/* Table of contents
──────────────────────────────────────────
- Grid
- Base Styles
- Typography
- Links
- Buttons
- Forms
- Lists
- Code
- Tables
- Spacing
- Utilities
```

```
- Clearing
- Media Queries
 */
```

base-styles.css 样式表可以为以上基本元素定义字体、背景颜色、边距和填充等内容。比如，在排版部分，定义了不同标题的字体大小、粗细和间距，详见代码清单 7-6。

代码清单 7-6：base-styles.css 样式的排版部分

```
/* Typography
——————————————————————————————————————————————————*/
h1, h2, h3, h4, h5, h6 {
    margin-top: 0;
    margin-bottom: 0;
    font-weight: 300; }
h1 { font-size: 4.5rem; line-height: 1.2; letter-spacing: -.1rem; margin-bottom: 2rem; }
h2 { font-size: 3.6rem; line-height: 1.25; letter-spacing: -.1rem; margin-bottom: 1.8rem;
margin-top: 1.8rem;}
h3 { font-size: 3.0rem; line-height: 1.3; letter-spacing: -.1rem; margin-bottom: 1.5rem;
margin-top: 1.5rem;}
h4 { font-size: 2.6rem; line-height: 1.35; letter-spacing: -.08rem; margin-bottom: 1.2rem;
margin-top: 1.2rem;}
h5 { font-size: 2.2rem; line-height: 1.5; letter-spacing: -.05rem; margin-bottom: 0.6rem;
margin-top: 0.6rem;}
h6 { font-size: 2.0rem; line-height: 1.6; letter-spacing: 0; margin-bottom: 0.75rem;
margin-top: 0.75rem;}
p {
    margin-top: 0; }
```

在以上代码中，可以看到我们将顶级标题 h1 的字体大小设置为 4.5rem，使其成为各级标题中最大的字体。

我们建议读者能够快速浏览代码，以了解如何将自定义样式应用于各种元素，但是本章并不会对每一个元素都进行详细讲解。读者不必在次要的 CSS 细节中花费过多时间，因为您可以在自己的仪表板应用程序中忽略本章的相关细节，直接默认使用 Dash 标准样式。下面将介绍 SVM 应用程序的核心：Dash 组件。

7.4 可重用组件

本节介绍 Dash 中可重复使用的组件，可以在现有组件中添加创建者自己的风格和功能。在 SVM Explorer 应用程序中使用了几个在模式上与内置组件相似的组件，但略有不同，比如，具有不同标签和值范围的下拉菜单。在 dash_reusable_components.py 文件中定义了这几个组件，在 app.py 中用组件的自定义功能实例化了这些组件。首先，将 dash_reusable_components.py 文件添加到 utils 文件夹中：

```
- app.py
- assets/
- utils/
    |--dash_reusable_components.py
--snip--
```

假设我们的目标是创建一个在应用程序代码中多次使用的自定义按钮。这个自定义按钮组件可能有些随意、复杂；可能只包含一个按钮标签；也可能包含更加复杂的东西，比如按钮上会显示该按钮被单击的频率（Dash 确实可以做到这一点!）。为了代码的清晰和简洁，要避免在 app.py 文件中重复创建同一个自定义按钮。因此，我们将此自定义按钮创建为自定义类 CustomButton 的实例。首先在 dash_reusable_components.py 文件中只定义该类一次，然后就可以在主 app.py 文件中多次实例化自定义按钮组件，每个组件都可以具有自己的特性，比如，不同的背景颜色或文本。

7.4.1 定义卡片

在第 6 章中，我们曾使用 Bootstrap Card 为内容创建了小区域卡片。在本节中，将创建包含以下多个组件的卡片（Card）：标签、滑块、按钮。可以将 Card 视为由多个子组件组成的元组件，卡片使用特定（相对）的宽度和填充，在底部添加实心灰色边框以在视觉上对这些组件进行分组。卡片实际上是 HTML 组件 html.Section 的包装器，是一个将不同 HTML 元素或文本分组到某个样式化区域内的容器。局部 Section 中的所有内容，在语义或主题上属于一组。图 7-4 展示了本章 SVM Explorer 应用程序中的卡片示例，该卡片使用 html.Section 元素对以下 3 个组件进行分组：标签、滑块、按钮。

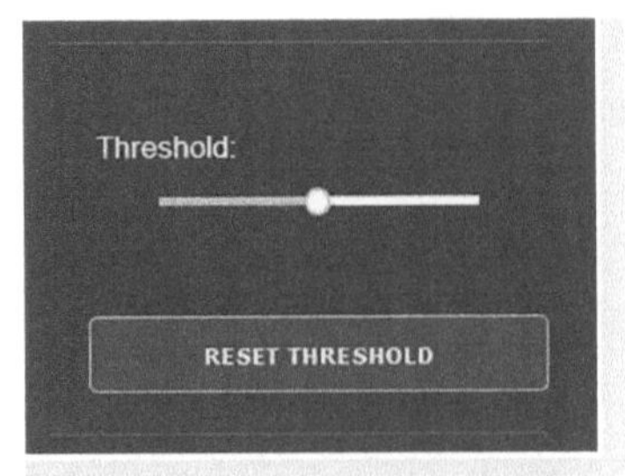

图 7-4　定制卡片示例

什么是包装器（wrapper）？

包装器是一个函数，其唯一目的是调用另一个函数。通过调用另一个函数，包装器可以保护调用方避免复杂和冗余。例如，内部函数调用可能很复杂，带有许多调用方不知道的特定参数。包装器函数调用只使用较少的参数，对剩余参数进行硬编码，这样做可以使内部函数的访问变得简单，因此提高了代码的可读性、降低了代码的复杂性、提高了代码的可维护性。

具体如何定义 dash_reusable_components.py 中的 Card 包装器函数，详见代码清单 7-7。

代码清单 7-7：定义 Card 组件

```
def Card(children, **kwargs):
    return html.Section(className="card", children=children, **_omit(["style"],
kwargs))
```

为了理解 Card 组件的工作原理，首先需要理解以下参数。

1）children：它是 Card 中包含其他所有 Dash 元素的列表，在仪表板应用程序中分组显示。用户可以创建各种嵌套和分层的 HTML 结构，并将任何可迭代的 HTML 元素传递到 Card 中。然后，Card 会将这些元素包装成一个貌似物理卡片的通用元素，具有一致样式的 2D 方框，该样式中包含一些其他设计元素。

2）**kwargs：代表任意关键字参数，可以将传递给函数调用的所有关键字参数打包到单个 kwargs 字典中。关键字参数名称是字典键，关键字参数的值是字典值。例如，在调用函数 Card（children, example = "123"）时，可以在函数中使用 kwargs['example']来获取值"123"。稍后可以使用该字典将大量参数解压缩到 html.Section()构造函数中，这些参数也包括元数据，比如该部分的文本或该组件被用户单击的次数。尽管在本章中并没有利用上述机会在 SVM Explorer 应用程序中传递任意关键字参数，但是这确实是 Card 组件的一个吸引人的特点。读者可以访问 https://blog.finxter.com/python-double-asterisk，找到这个双星号运算符的详细教程。

3）_omit：该参数实际上是一个函数。允许用户排除某些不需要的元素。比如，从字典中删除"style"键，因为在 html.Section()构造函数中并不需要"style"键，而是已经使用 CSS 样式表对样式进行了定义。_omit()函数有两个参数：一个是 omitted_keys 变量中的字符串列表，另一个是字典 d。_omit()函数返回一个新字典，该字典由原始字典 d 中的元素组成，其中过滤掉了 omitted_keys 中的所有键及其关联值。以下是 SVM Explorer 应用程序的开发者对这一点的简洁实现：

```
def _omit(omitted_keys, d):
    return {k: v for k, v in d.items() if k not in omitted_keys}
```

在 SVM Explorer 应用程序中，**_omit(["style"],kwargs)获取从 Card()调用中传递的关键字参数字典 kwargs，然后使用_omit()函数删除关键字“style”。双星号前缀将所有这些值从字典解压缩到 html.Section()构造函数的参数列表中。

在 app.py 中，现在可以使用 Card 可重用组件来创建包含命名滑块和按钮的卡片，详见代码清单 7-8。

代码清单 7-8：创建包含命名滑块和按钮的卡片

```
.drc.Card(
    id="button-card",
    children=[
        drc.NamedSlider(
            name="Threshold",
            id="slider-threshold",
            min=0,
            max=1,
            value=0.5,
            step=0.01,
        ),
        html.Button(
            "Reset Threshold",
            id="button-zero-threshold",
        ),
    ],
)
```

注意，以上 drc.NamedSlider 本身是一个可重用组件，事实上是在一个可重用组件的外层又包装了另一个可重用组件 drc.Card。

外观效果如图 7-4 所示。滑块的设置由两个组件组成：一个是用于显示文本“Threshold”的 HTML 组件，另一个是用于将 Threshold 设置在 0 和 1 之间的 Dash Slider 组件。

该 Threshold 值稍后将用作 SVM 模型的输入值，用以控制分类模型是偏向一个类，还是偏向另一个类。尽管这是特定分类模型中的特定参数，但还是可以使用这种精确策略来展示机器学习中各种模型参数的作用。这样看来，探索关键参数作用变得如此简单，就像在智能手机上使用滑块一样方便！以后，当按照此法向公众介绍另外一个机器学习模型时，一定会给人留下持久的印象！

现在，读者已经学会了如何在一个组件的外层使用包装函数来创建另一个可重用组件。如果您尚未掌握所有细节，请不要担心。我们希望您大致掌握如何通过包装函数创建可重用的组件即可。在下一节中，将介绍应用程序中的另一个自定义组件：格式化滑块。

7.4.2 定义格式化滑块

格式化滑块也是一种自定义包装器，由一个 HTML Div 元素和一个 dcc.Slider 组成，后者是第 6 章介绍的 Dash Core 组件。格式化滑块是应用了一些预定义格式（通常为预定义填充）的 dcc.Slider 组件。简单起见，本节将使用简单的 CSS 将格式设置为与滑块组件相关联，也许本应用的作者打算以后添加一些更高级的组件或功能，因此将其设为易于扩展的可重用组件。

我们放置在 dash_reusable_components.py 中的包装器函数代码，详见代码清单 7-9。

代码清单 7-9：定义 FormattedSlider 组件

```
def FormattedSlider(**kwargs):
    return html.Div(
        style=kwargs.get("style", {}),
        children=dcc.Slider(**_omit(["style"], kwargs))
)
```

在 app.py 中，我们使用以下代码片段创建了格式化滑块的特定实例，如图 7-5 所示。

```
drc.FormattedSlider(
    id="slider-svm-parameter-C-coef",
    min=1,
    max=9,
    value=1,
)
```

下面将创建一个最小值为 1、最大值为 9，两个连续值之间滑块粒度为 1 的格式化滑块。我们将 4 个关键字参数传递给 FormattedSlider( ) 函数，然后将其打包到 kwargs 字典中。字典中没有 style 键，因此代码清单 7-9 中的 kwargs.get("style",{}) 调用将返回一个空字典。在这种情况下，就会使用 Dash 的默认样式。我们将字典中剩余的键值对作为关键字参数传递到 dcc.Slider( ) 创建例程中，构建出一个具有指定范围的新滑块。注意，Dash 会自动添加标签 1、3、5、7、9 以作为 SVM Explorer 应用程序中特定格式滑块的值，如图 7-5 所示。试用该滑块，就会发现滑块粒度为 1，尽管标记为 1、3、5、7、9 间隔显示。当然，用户也可以根据需要，通过添加另一个 marks 参数来自定义标记，该参数将滑块值映射到字典中的文本标签。

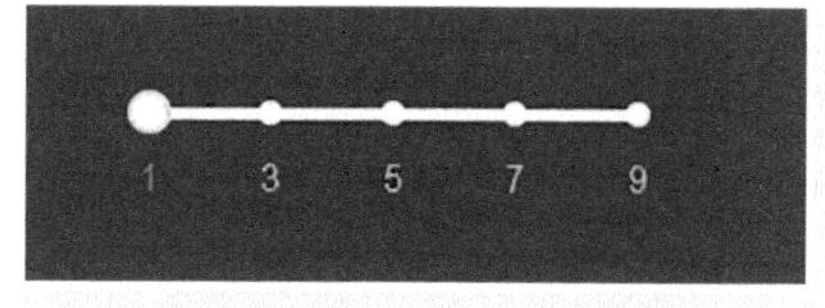

图 7-5 格式化滑块示例

7.4.3 定义命名滑块

命名滑块是 dcc.Slider 组件的另一个包装器，可以添加自定义标签。图 7-6 展示了 SVM Explorer 应用程序中的滑块，我们将其命名为 Degree。

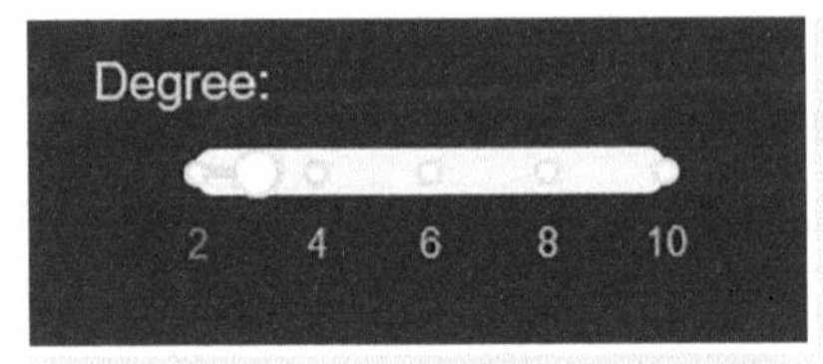

图 7-6 命名滑块示例

我们在 dash_reusable_components.py 中定义 NamedSlider，详见代码清单 7-10。

代码清单 7-10：定义 NamedSlider 组件

```
def NamedSlider(name, **kwargs):
    return html.Div(
        style={"padding": "20px 10px 25px 4px"},
        children=[
            html.P(f"{name}:"),
            html.Div(style={"margin-left": "6px"},
                children=dcc.Slider(**kwargs)),
        ],
    )
```

在以上代码中，创建了一个包含两个元素的 HTML Div 容器：一个是使用 HTML.P( ) 将标签添加到命名滑块的 HTML 段落元素，另一个是包含常规 Dash-dcc.slider( ) 元素的 Div。通过设置外部 Div 样式字典的 padding 属性，对一些样式元素进行硬编码。此例可以很好地解释为什么我们有时会用到前文介绍过的_omit( )，从字典中删除 style 键。也就是说，如果想改变样式，就可以使用 Dash HTML 组件的这个特定样式参数。在本章示例中，自定义样式扩展了命名滑块组件周围的框宽度。如果在 dash_reusable_components.py 中对其进行更改，那么在 app.py 中创建的每个实例都会随之更改。

在以上代码中，使用了格式化字符串 f"{name}:"，从 app.py 访问 NamedSlider( ) 调用的 name 参数的值，并将其放入用作滑块标签的字符串中。正是采用这种方法，我们可以为每个滑块提供自己的专属标签。

在以上代码中，内部 Div 的“margin-left”属性将整个滑块稍微向右移动，以达到滑块组件缩进的效果。

注意：dash_reusable_components.py 中的自定义函数名称，按照惯例，首字母为大写字母。由于 Dash 组件名称也是首字母为大写字母，因此，调用可重用组件的感觉有些类似于调用预定义 Dash 组件。

代码清单 7-11 是 app.py 中实例化图 7-6 中命名滑块的代码。

代码清单 7-11：实例化 NamedSlider 组件

```
drc.NamedSlider(
    name="Degree",
    id="slider-svm-parameter-degree",
    min=2,
    max=10,
    value=3,
    step=1,
    marks={
        str(i): str(i) for i in range(2, 11, 2)
    },
)
```

在以上代码中，滑块的最小值为 2，最大值为 10。滑块的标记被设置为整数 2、4、6、8、10，这 5 个数值是由以下生成器表达式所创建的：str(i)for i in range(2,11,2)。

7.4.4 定义命名下拉列表

继上一节命名滑块之后，本节将在 dcc.Dropdown()的基础上创建包含标签的命名下拉列表，其过程类似于创建命名滑块，因此只需要简要介绍。

我们在 dash_reusable_components.py 中定义 NamedDropdown，详见代码清单 7-12。

代码清单 7-12：定义 NamedDropdown 组件

```
def NamedDropdown(name, **kwargs):
    return html.Div(
        style={"margin": "10px 0px"},
        children=[
            html.P(children=f"{name}:", style={"margin-left": "3px"}),
            dcc.Dropdown(**kwargs),
        ],
    )
```

在以上代码中，使用双星号运算符传递关键字参数列表，以捕获 kwargs 字典中的所有关键字参数，并将这些关键字参数解压缩到 dcc.Dropdown()创建例程中。在创建 NamedDropdown 实例时传入的函数参数 name 被用作 HTML 段落元素中的文本标签。

以上代码生成的 NamedDropdown 可重用组件的外观如图 7-7 所示。

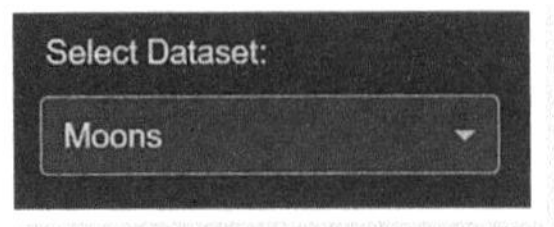

图 7-7　命名下拉列表示例

我们在 app.py 中创建以下实例化 NamedDropdown 组件，详见代码清单 7-13。

代码清单 7-13：实例化 NamedDropdown 组件

```
drc.NamedDropdown(
    name="Select Dataset",
    id="dropdown-select-dataset",
    options=[
        {"label": "Moons", "value": "moons"},
        {
            "label": "Linearly Separable",
            "value": "linear",
        },
        {
            "label": "Circles",
            "value": "circles",
        },
    ],
    clearable=False,
    searchable=False,
    value="moons",
)
```

在以上代码中，我们用命名下拉组件的名称调用新创建的 drc.NamedDropdown()函数。剩余的关键字参数 id（HTML 元素的标识符）、options（下拉列表的各个标签和值）、clearable（一个布尔值，允许或不允许用户通过单击小图标来清除当前选定的条目）、searchable（一个布尔值，允许或不允许用户在下拉列表中搜索特定值）、value（默认下拉值）被打包到 kwargs 字典中并传递给下游 dcc.Dropdown()创建例程。

以上实例化所创建的命名下拉列表，如图 7-8 所示，默认数据集设置为“Moons”，并禁用 searchable 和 clearable。

使用可重用组件是扩展应用程序和创建全新库以供全局使用的一种非常有效的方式。我们只需要定义自己的 dash_reusable_components.py 文件，并围绕主程序文件中现有的 Dash 和 HTML

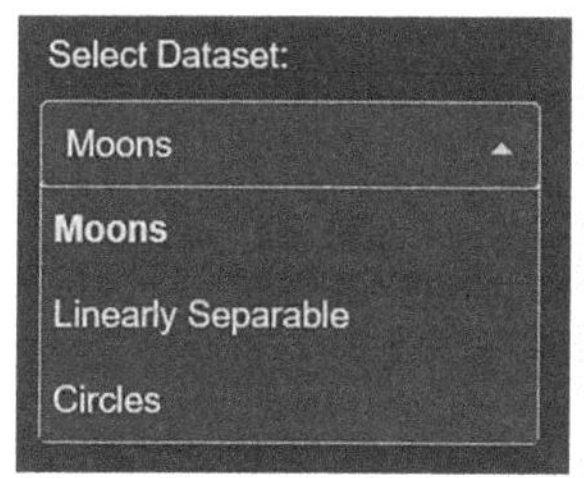

● 图 7-8　命名下拉列表的点击状态

组件使用包装函数。可重用组件为用户提供了自定义应用程序外观的简便方法，即使您的应用程序代码长达数千行，也能够使用可重用组件让代码更简洁、更易于理解、更易于维护！

接下来，介绍 SVM Explorer 应用程序中尚未介绍过的一些新 Dash 组件。

7.4.5 使用 Dash 图表

整个 SVM Explorer 应用程序的核心组件当然是图表，图表可以将所选训练数据的学习和分类进行可视化呈现，如图 7-9 所示。

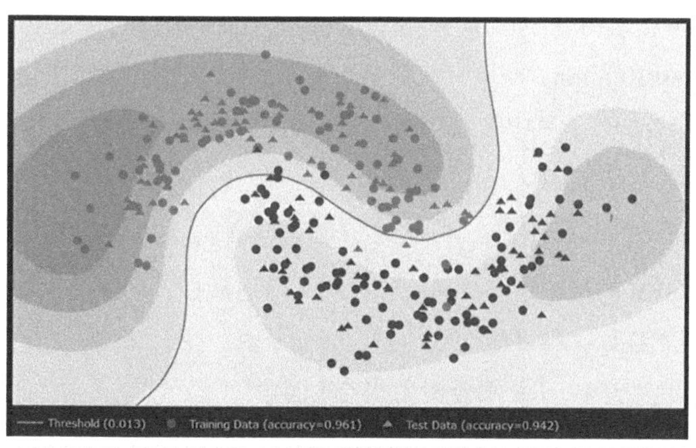

● 图 7-9　Dash 图表示例

首先，我们使用仪表板中不同控件的输入参数来训练模型，然后测试模型的准确性。图表中的这些圆点和三角形将训练数据可视化。红色数据点属于一类，我们将之称为 X 类；蓝色数据点属于另一类，我们将之称为 Y 类。对于每一条训练数据，我们已知其属于 X 类或 Y 类，也就是说，已知其将落在决策边界的某一侧。然后，该模型根据从训练数据中学习到的决策边界，估计每条测试数据属于哪个类别。

以下函数调用实现了上述可视化过程（app.py 示例项目中的第 434 行）：

```
dcc.Graph(id="graph-sklearn-svm", figure=prediction_figure)
```

接下来，创建 dcc.Graph 组件，其 ID 为“graph-sklearn-svm”。我们传递 prediction_figure 变量作为 figure 参数，该变量在 app.py 的第 410~421 行定义过，详见代码清单 7-14。

代码清单 7-14：定义图表的属性

```
prediction_figure = figs.serve_prediction_plot(
    model=clf,
    X_train=X_train,
    X_test=X_test,
    y_train=y_train,
    y_test=y_test,
    Z=Z,
    xx=xx,
    yy=yy,
    mesh_step=h,
    threshold=threshold,
)
```

本章并不涉及很多技术细节，但还是要请读者注意，以上函数调用使用了 4 个主要数据集：X_train、y_train、X_test 和 y_test。与所有监督学习一样，我们使用训练数据集来训练模型，训练数据集由(X,y)元组集合而成，其中输入数据为 X、输出数据为 y，旨在获得映射 $X \rightarrow y$。我们将所有这些信息传递到以下函数中：

```
figs.serve_prediction_plot()
```

此函数可以绘制 SVM 的预测轮廓、阈值线、测试散点数据、训练散点数据。然后返回结果图形对象，该对象可以在 dcc.Graph 组件中传递，如前所示。接下来，将对其进行分解讨论。

首先，在 app.py 的头部中，figs 部分使用此导入语句：

```
import utils.figures as figs
```

以上语句从 utils 文件夹导入 figures 文件并将其命名为 figs。该文件包含用于创建仪表板中各种图形的实用函数，包括用于 SVM 模型训练和测试数据可视化的 serve_prediction_plot( ) 函数。

函数 serve_prediction_plot( ) 用于创建 Plotly 图形对象，并可视化训练和测试数据以及等高线图（见图 7-10）。在 figures.py 文件的第 7~96 行中定义过该函数，详见代码清单 7-15。

代码清单 7-15：创建图形对象并填充数据

```
import plotly.graph_objs as go

def serve_prediction_plot(...):
...

    # 创建图形
    # 绘制 SVM 的预测轮廓
    trace0 = go.Contour(
        ...
    )

    # 绘制 SVM 的阈值线
    trace1 = go.Contour(
        ...
    )

    # 绘制训练数据
    trace2 = go.Scatter(
        ...
    )

    trace3 = go.Scatter(
        ...
    )

    layout = go.Layout(
        ...
    )

    data = [trace0, trace1, trace2, trace3]
    figure = go.Figure(data=data, layout=layout)

    return figure
```

以上代码创建了图 7-10 中所示的等高线图，可视化 SVM 置信水平，以及训练和测试数据的两个散点图。这些图形被存储在 4 个变量中：trace0、trace1、trace2 和 trace3。然后，将这些变量用作go.Figure( )构造函数的数据输入参数，就可以创建一个包含以上 4 个数据集的 Plotly 图形对象了。

下一节将介绍 go.Contour 组件。

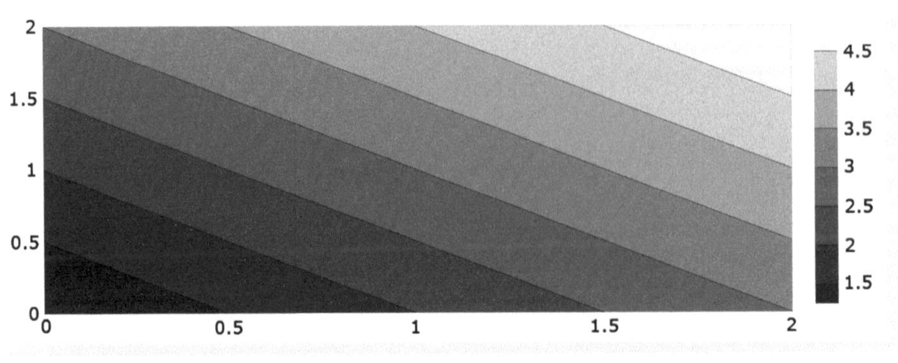

● 图 7-10 等高线图示例

7.4.6 创建 Plotly 等高线图

等高线是一种在二维图中可视化三维数据的好方法。二维空间中的每个点(x,y)都有一个关联的 z 值，可以将其视为该点的“高度”（例如，二维地图的高度值）。同一条等高线上的所有点都具有相同的 z 值，如图 7-10 所示。

为了定义这些等高线，首先需要在二维数组中定义 z 值，其中使用点(x,y)来定义空间中对应 x 和 y 的 z 值。然后 Python 将自动“连接”等高线中的这些点，详见代码清单 7-16。

代码清单 7-16：创建简单的等高线图

```
import plotly.graph_objects as go

fig = go.Figure(data =
    go.Contour(
        z = [ [1, 2, 3],
            [2, 3, 4],
            [3, 4, 5]
        ]
    )
)
fig.show()
```

在 z 数组中，哪些点(x,y)的 z 值为 3？有 3 个点：(0,2)、(1,1)和(2,0)。现在，请读者研究图 7-10 所示等高线图，并在二维空间中找到这些点，图中这些点的可视化 z 值是否为 3？

读者可以尝试定义几个具有相似 z 值的点，有助于理解等高线图。可以看到，Plotly 帮助我们完成了可视化等高线图以及着色等所有繁重工作！如果想进一步了解有关等高线图的更多信息（比如，如何自定义 x 和 y 值，如何设置等高线的形状），请访问 https://plotly.com/python/

contour-plots。

在本章 SVM 模型的等高线图中，等高线是产生与某一点（该点属于某一特定类别）相同确定性的多个点。这种“确定性”被称为决策函数，将一个值与空间中的每个点相关联。决策函数是机器学习模型的核心。可以说，决策函数就是模型。对于给定的输入 x，决策函数 $f(x)$ 的符号定义了该模型 f 是否预测 x 属于某一个类。如果决策函数 $f(x)$ 的符号为正，则 x 属于 X 类；如果决策函数 $f(x)$ 的符号为负，则 x 属于 Y 类。决策函数的正/负值越高，意味着决策函数 $f(x)$ 越确定该输入点属于该类。

7.4.7 使用 Dash 加载符号

在前面“使用 Dash 图表”一节（7.4.5 节）中，曾介绍过带有 prediction_figure 参数的 dcc.Graph 组件，涉及的计算相对复杂，需要一些加载或初始化时间，因此用户需要等待一段时间，用户体验不佳。针对以上情况，SVM Explorer 应用程序的作者决定将 dcc.Graph 包装在 dcc.Loading 组件中。他们的想法很简单：当 Python 解释器处理数字并运行计算时，Dash 会向用户显示一个加载符号（加载微调器），这样就可以始终让用户了解程序的运行情况，减少茫然与焦躁。

加载符号在不同时间点的形状略有不同，如图 7-11 所示。

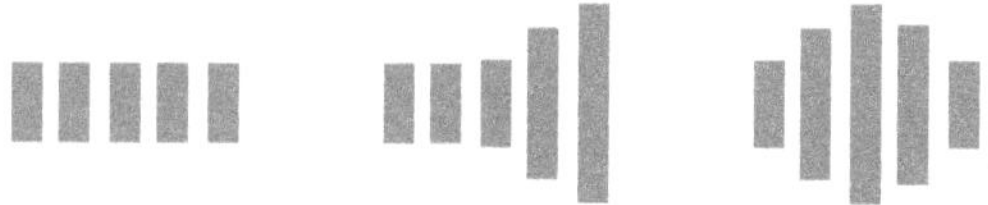

图 7-11　Dash 加载符号示例

以后，只要加载由 dcc.Loading 组件包装的 Dash 组件，就会向用户显示此动态加载符号。

如何在 SVM Explorer 应用程序中使用 dcc.Loading 组件？请看以下代码清单 7-17。

代码清单 7-17：设置加载行为

```
children=dcc.Loading(
    className="graph-wrapper",
    children=dcc.Graph(id="graph-sklearn-svm", figure=prediction_figure),
    style={"display": "none"},
),
```

以上函数调用有下列 3 个参数。

1）className 与 CSS 样式表中的 graph-wrapper 类定义关联起来，可以为组件定义宽度和高度。

2）children 是 dcc.Loading 组件要包装的 dcc.Graph 对象。加载此对象时，就会显示加载符号。

3）style 向元素添加样式属性字典。我们将“display”属性设置为“none”，这样就隐藏了整个元素。但是，在样式表中，我们将“display”属性覆盖为“flex”，可以根据可用空间灵活地设置大小。以上代码并不完美，还可以编写得更加简洁。

事实上，当运行 SVM Explorer 应用程序时，也许会看不到加载符号，因为组件加载速度太快了。我们猜测，此应用程序最初设计时，Dash 运行速度比较慢，但是后来 Dash 在速度和可用性方面都有巨大提高，现在这个 SVM 应用程序可以实现快速计算，因此我们也可以直接略过 dcc.Loading 包装器。

在 Dash 应用程序中使用加载微调器的完整视频教程，请访问 https://learnplotlydash.com，观看视频“Dash Bootstrap Spinner & Progress Bar”。

7.5 Dash 回调

SVM Explorer 应用程序是一款高级应用程序，包含许多交互代码片段。本章前几节主要介绍了该应用程序中特有的独立组件。本节将在宏观层面上探索不同组件之间是如何交互的。

直奔主题，首先探索 Dash 框架在使用 debug=True 运行应用程序时提供的回调图（参见代码清单 7-18）。

代码清单 7-18：启用调试

```
# Running the server
if __name__ == "__main__":
    app.run_server(debug=True)
```

这样，用户就可以通过图 7-12 所示的按钮菜单，访问自动生成的回调图了。

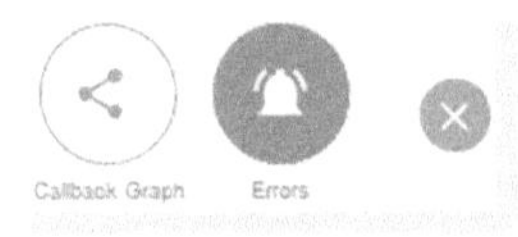

● 图 7-12　回调图按钮菜单

以上按钮图标显示在 Dash 应用程序页面的右下方。单击 Callback Graph 可获得如图 7-13 所示的内容。

每个矩形框上方的名称是在 app.py 文件中定义的 Dash 组件。命名滑块的代码示例，详见代码清单 7-19。

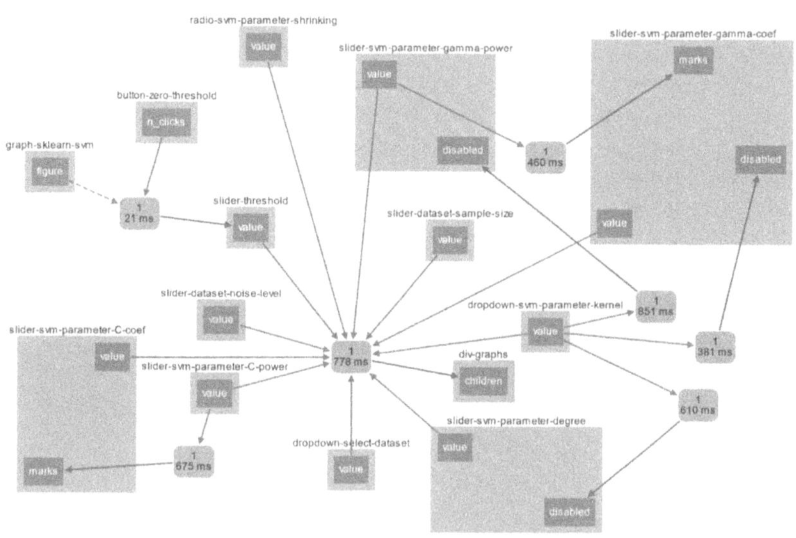

● 图 7-13　SVM Explorer 应用程序的回调图

代码清单 7-19：NamedSlider 组件的定义，展示了回调图中矩形框上方名称的来源

```
drc.NamedSlider(
    name="Cost (C)",
    id="slider-svm-parameter-C-power",
    min=-2,
    max=4,
    value=0,
    marks={
        i: "{}".format(10 ** i)
        for i in range(-2, 5)
    },
)
```

在图 7-13 左侧下方的 4 个框中，可以找到以下名称：slider-svm-parameter-C-power。使用命名滑块，就可以向 slider-svm-parameter-C-coef 组件传递信息。所有组件都传送到 div-graphs 组件中，该组件保存了所有 SVM 图表。

下面聚焦这个唯一输出组件 div-graphs 的回调函数，位于 app.py 主文件的第 346~453 行，请读者首先关注输入和输出注解，以及函数定义，详见代码清单 7-20。

代码清单 7-20：SVM 图表的输入和输出注解

```
@app.callback(
    Output("div-graphs", "children"),
```

```
    [
        Input("dropdown-svm-parameter-kernel", "value"),
        Input("slider-svm-parameter-degree", "value"),
        Input("slider-svm-parameter-C-coef", "value"),
        Input("slider-svm-parameter-C-power", "value"),
        Input("slider-svm-parameter-gamma-coef", "value"),
        Input("slider-svm-parameter-gamma-power", "value"),
        Input("dropdown-select-dataset", "value"),
        Input("slider-dataset-noise-level", "value"),
        Input("radio-svm-parameter-shrinking", "value"),
        Input("slider-threshold", "value"),
        Input("slider-dataset-sample-size", "value"),
    ],
)
def update_svm_graph(
    kernel,
    degree,
    C_coef,
    C_power,
    gamma_coef,
    gamma_power,
    dataset,
    noise,
    shrinking,
    threshold,
    sample_size,
):
```

以上函数并没有一个单独的输入，而是输入一个列表，如图 7-13 所示。计算 SVM 模型需要列表中的所有输入，使用此 SVM 模型就可以创建用户在 SVM Explorer 应用程序中看到的所有图形。生成不同图形的代码，请看代码清单 7-21。

代码清单 7-21：SVM 资源管理器应用程序中生成图形的 update_svm_graph 函数的返回值

```
# 为了提高程序可读性，此处省略了模型计算部分
return [
    html.Div(
        id="svm-graph-container",
        children=dcc.Loading(
            className="graph-wrapper",
            children=dcc.Graph(id="graph-sklearn-svm",
            figure=prediction_figure),
            Exploring Machine Learning 151
            style={"display": "none"},
        ),
```

```
        ),
        html.Div(
            id="graphs-container",
            children=[
                dcc.Loading(
                    className="graph-wrapper",
                    children=dcc.Graph(id="graph-line-roc-curve",
                            figure=roc_figure),
                ),
                dcc.Loading(
                    className="graph-wrapper",
                    children=dcc.Graph(
                        id="graph-pie-confusion-matrix",
                        figure=confusion_figure
                    ),
                ),
            ],
        ),
    ]
```

以上 update_svm_graph 函数的返回值是一个包含两个 Div 元素的列表。其中第一个 Div 元素包含本章前面“创建 Plotly 等高线图”部分中讨论的预测图。第二个 Div 元素包含另外两个 dcc.Graph 元素：折线图和饼图。以上生成的 3 个图形如图 7-14 所示。

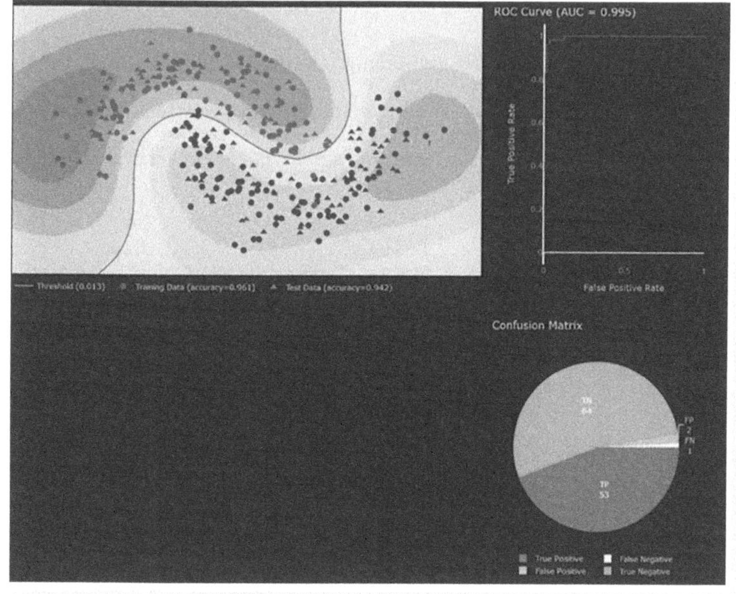

图 7-14　3 个 dcc.Graph 元素

7.6 小结

本章介绍了很多高级 Dash 概念，讲解了强大的 SVM 分类算法、机器学习模型、仪表板的可视化功能、如何将 NumPy 和 scikit-learn 集成到仪表板应用程序中，以及如何创建可重用的组件。本章还介绍了 Dash HTML 组件（比如 html.Div、html.A、html.Section、html.P、html.Button、html.H2）以及标准 Dash 组件（比如 dcc.Graph、dcc.Slider、dcc.Dropdown）。

现在，读者已经掌握了创建复杂仪表板应用程序的技能，并且深入理解了高级 Dash 组件及其功能。本书不仅授人以鱼，而且授人以渔，下一节提供的资源就是一个充满各种鱼的海洋，如果您想吃到更多的鱼，就去亲自捕猎吧！

7.7 资源

如果读者想要深入了解 SVM Explorer 应用程序，请访问本章应用程序的创建者之一 Xing Han 推荐的以下资源。

1）分类器比较：https://scikit-learn.org/stable/auto_examples/classification/plot_classifier_comparison.html。

2）ROC 指标：https://scikit-learn.org/stable/auto_examples/model_selection/plot_roc.html。

3）混淆矩阵：https://scikit-learn.org/stable/modules/model_evaluation.html#confusion-matrix。

4）SVM 分类器（SVC）：https://scikit-learn.org/stable/modules/generated/sklearn.svm.SVC.html。

5）《支持向量分类（SVC）实用指南》。

提示和技巧

在丰富的 Dash 库中，还有很多东西值得探索。本章汇集了一些提示和技巧，是我们在使用 Dash 构建更高级应用程序时积累的有用经验，希望能够对读者有所帮助。

我们将详细介绍 Dash 企业级应用程序库，在该库中，您可以发现在特定行业中构建更高级应用程序的开源代码。您还将学习如何利用 Plotly 社区论坛来克服编码过程中随时遇到的障碍。我们将分享一些 Bootstrap 主题和调试工具，这些工具有助于美化应用程序并解决程序漏洞。我们将介绍如何使用 dash-labs 存储库，不断开发 Dash 的高端功能。最后，本章将为读者提供一系列 Dash 学习资源，以拓宽读者的眼界，编写出更加有趣和令人兴奋的 Dash 应用。

8.1 Dash 企业级应用程序库

正如前文所述，若读者想了解更高级、更复杂的 Dash 应用程序，可以查阅 Dash 企业级应用程序库。库中的许多应用程序都是开源的，读者可以直接在 GitHub 上得到程序代码。要想知道某个特定的应用是否开源，可以单击位于该应用卡片右下角的信息图标，如图 8-1 所示，如果显示“Unauthenticated：Anyone can access this app,”（未经认证：任何人都可以访问此应用）之类的内容，就意味着该应用是开源的。这张信息卡片还会说明这个应用程序是由何种语言编写的。如您所料，绝大多数应用程序都是用 Python 编写的。

图库一直处于添加更新中，要找到与用户需求最相关的应用，可以通过单击页面最上方的某个特定行业来过滤和筛选页面。友情提示：当您在这些应用程序中滚动浏览时，可以同时考虑一下您自己当前构建应用项目所需的布局。如果恰好发现一个与您构想相近的布局，就可以访问其开源代码，看看是否可以在自己的应用程序中复制该布局。

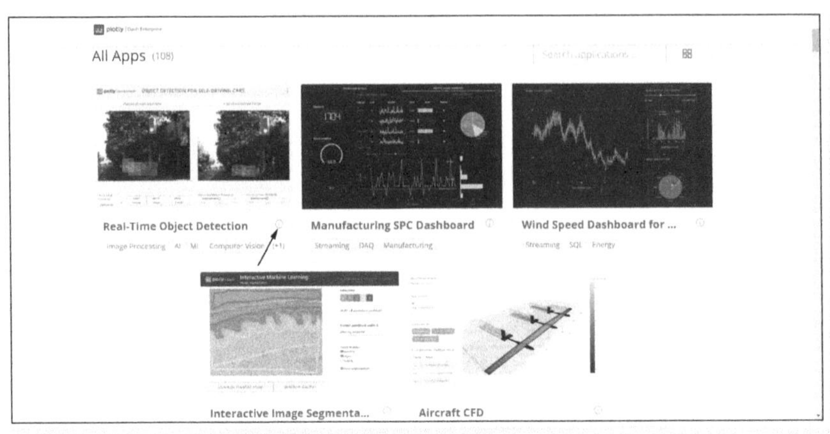

● 图 8-1　Dash Gallery 应用卡片上的信息图标

8.2 Plotly 社区论坛

Plotly 论坛（https://community.plotly.com）是 Plotly 和 Dash 合二为一的社区论坛。如果读者目前尚无 Plotly 论坛的账号，那么建议马上去注册一个。在未来的 Dash 开发途中，论坛社区的成员一定会无数次地帮助您了解 Dash 和 Plotly 图形库、帮助您克服障碍、帮助您解决程序漏洞。即使您的代码目前暂无问题，那么也建议去论坛上阅读一下其他成员的经验分享文章。通过学习其他用户的经验，可以避免很多常见错误。浏览论坛还可以帮助您学会如何创建主题、如何提供有用的答案、如何清晰明了地提出问题。您会看到论坛对社区的发展举足轻重。论坛登录页面如图 8-2 所示。当然，每次访问论坛都会看到不一样的内容，因此，图 8-2 只是大致模样。

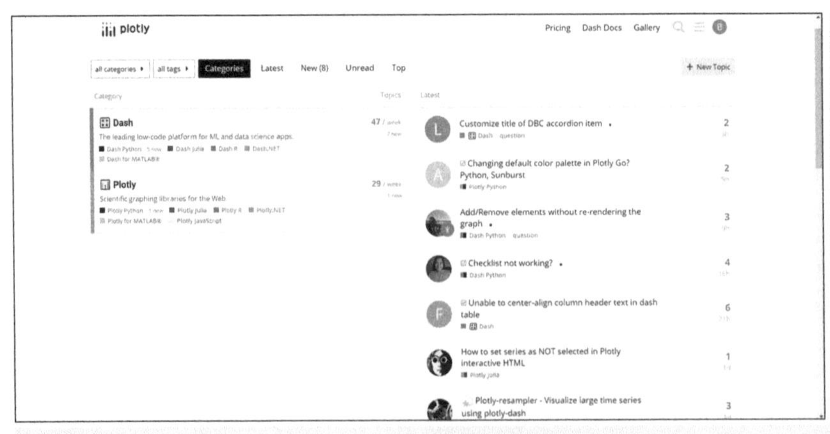

● 图 8-2　Plotly 论坛登录页面

在登录页面的左侧，单击 Categories（类别）：Dash 和 Plotly，在页面的右侧，就会看到这两个类别的最新帖子。

该论坛非常活跃，新帖层出不穷。为了确保自己的问题醒目并得到别人的关注和应答，最好给每一条提问的帖子增加一个简洁明了并吸引眼球的标题。另外，一定要添加与该问题相关的代码片段，该代码通常是一个最小的工作示例，并允许其他应答者复制该代码，以便在他们的系统上进行测试，看看他们是否也会产生同样的问题或错误。请确保代码格式正确，需要使用编辑工具箱内的预格式化文本符号</>。

当您成长为资深 Dash 编程专家时，请别忘记花些时间来回馈社区，通过回答别人的问题来帮助其他人。最后，鼓励大家使用 show-and-tell 来标记自己的帖子，与社区分享自己创建的应用程序。

8.3 应用程序主题浏览器

在第 5 章，本书介绍过如何将 Bootstrap 主题添加到应用程序中，例如：

```
app = Dash(__name__, external_stylesheets = [dbc.themes.BOOTSTRAP])
```

但是，以上主题仅适用于应用程序中的 Bootstrap 组件。事实上，我们还需要将主题应用于 Dash DataTable、Dash Core 组件、Plotly 图形。Dash Bootstrap Theme Explorer（Dash Bootstrap 主题浏览器）的网站是 https://hellodash.pythonanywhere.com，如图 8-3 所示。用户可以在页面上选择一个主题，查看该主题的所有组件、文本和图形。若想查看其他可用主题，请单击页面左侧的"Change Theme"（更改主题），将会看到一个主题列表。单击其中一个主题，就会看到下拉菜单组件、列表组件、标题、文本、图形和 DataTable 在样式与颜色上的所有变化。

接下来，介绍如何选择适合自己的应用程序主题，并按照以下 4 个步骤将其添加到应用程序的所有元素中。我们将在示例应用程序中应用 VAPOR 主题。可访问本书在线资源 https://github.com/DashBookProject/Plotly-Dash，在 Chapter-8 文件夹中找到完整的 app.py 文件。

第一步，安装 dash_bootstrap_templates 库，然后导入 load_figure_template 和 dash_bootstrap_components。具体做法如下。

打开 PyCharm 终端并输入：

```
$ pip install dash-bootstrap-templates
```

为了导入必要的库，请在主要应用程序文件中输入以下内容：

```
import dash_bootstrapc_omponents as dbc
from dash_bootstrap_templates import load_figure_template
```

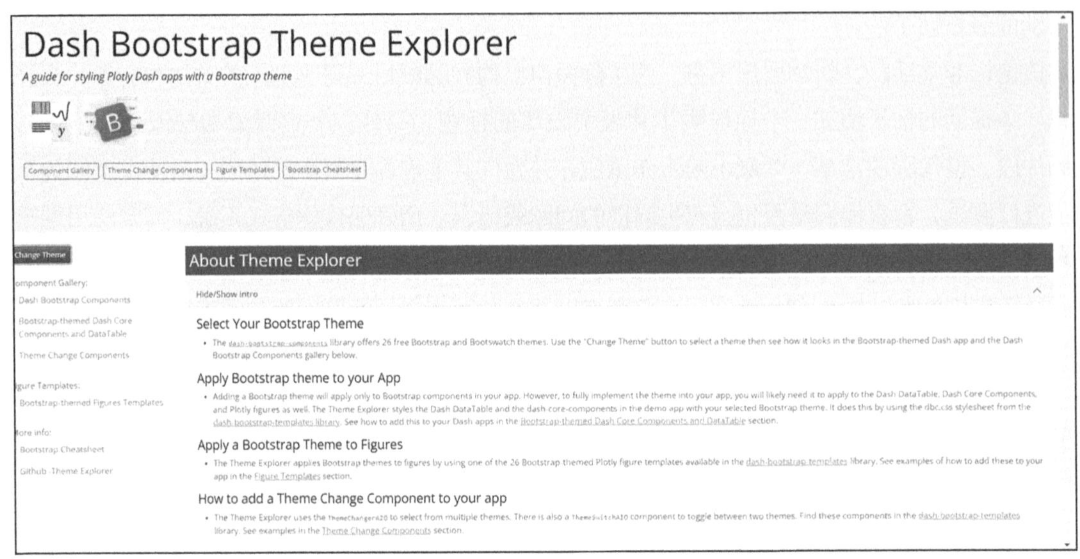

● 图 8-3　Dash Bootstrap 主题浏览器页面

第二步，将预构建的 Dash Bootstrap 样式表添加到自己的应用程序，并选择一个主题。本示例中，选择了 VAPOR 主题。当替换 Dash 实例化的主题时，请保持大写样式：

```
dbc_css = "https://cdn.jsdelivr.net/gh/AnnMarieW/dash-bootstrap-templates
@V1.0.4/dbc.min.css"
app = Dash(__name__, external_stylesheets=[dbc.themes.VAPOR, dbc_css])
load_figure_template(["vapor"])
```

第三步，将所选主题加入到条形图的 template 属性中：

```
fig = px.bar(df, x="Fruit", y="Amount", color="City", barmode="group", template="vapor")
```

第四步，在应用程序的外部容器中添加 className = "dbc"，如以下代码所示：

```
app.layout = dbc.Container([
    html.H1("Hello Dash", style={'textAlign': 'center'}),
    html.P("Type anything here:"),
    dcc.Input(className="mb-2"),
    dcc.Graph(
        id='example-graph',
        figure=fig
    )
],
```

```
    fluid=True,
    className="dbc"
)
```

运行本示例中的 app.py 文件就会生成如图 8-4 所示的应用程序。

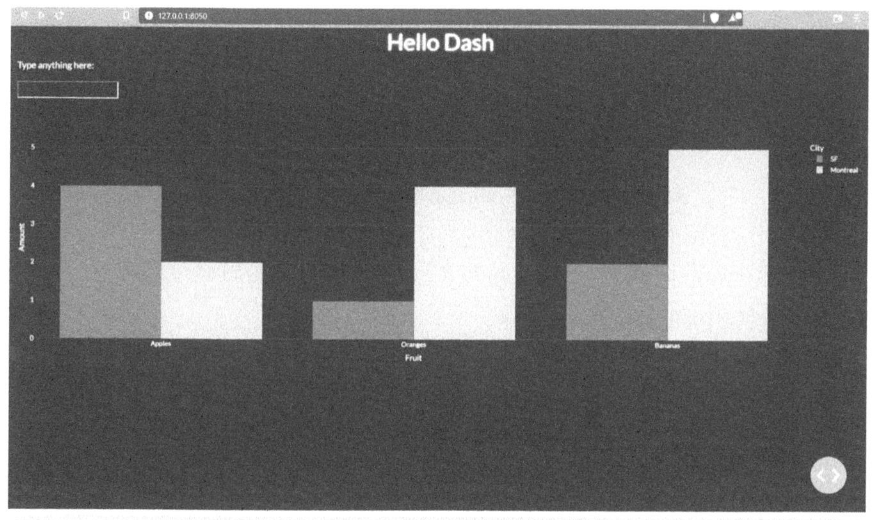

● 图 8-4 应用程序示例

8.4 调试 Dash 应用程序

学会如何有效地调试应用程序可以节省大量试错时间。本章并不能教会读者所有调试技能，而是整理了一些对读者有用的入门材料。

Python 中有一些免费的调试器包可供选择。针对 Dash，我们推荐 ipdb 包。

首先安装 ipdb 包，在终端上输入：

```
$ pip install ipdb
```

接下来，以一个具体调试示例进行讲解。访问本书在线资源：https://github.com/DashBook-Project/Plotly-Dash，找到 debug-demo.py 文件。当用户在计算机上运行该文件时，就会看到如图 8-5 所示的界面。这应该是一个随时间变化绘制账单总数的应用程序。

非常令人沮丧，应用程序没有提示任何错误，但显然有些地方出了问题，因为上述图表没有显示任何数据。因此我们需要调试应用程序，找出问题所在。

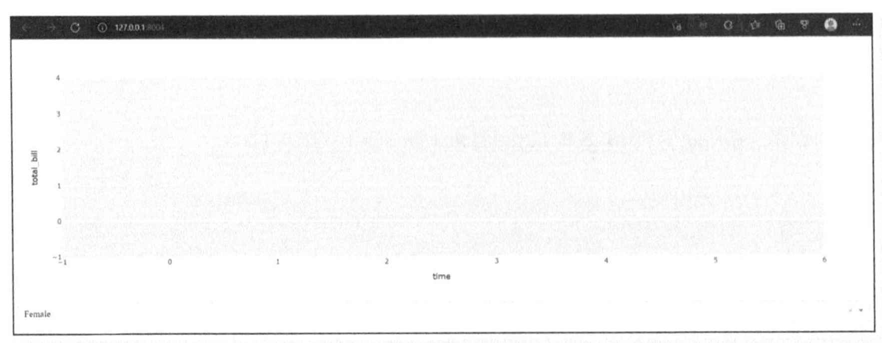

● 图 8-5　debug-demo.py 应用程序运行结果

首先，取消注释 debug-demo.py 中导入 ipdb 的第一行代码，然后通过取消这一行注释来激活回调函数内部第一行代码中的调试功能：

```
ipdb.set_trace()
```

当然，用户可以调试应用程序的任何部分，在本示例中，由于问题出在图形上，因此将从构建图形的回调函数开始调试。最后，关闭本机 Dash 调试机制及应用程序的多线程，这样就不会像 debug-demo.py 中那样，因为重叠的 ipdb 实例而中断会话。

```
if __name__=='__main__':
    app.run_server(debug=False, threaded=False, port=8004)
```

保存并运行修改后的 debug-demo.py 文件，单击 HTTP 链接，在浏览器中打开应用程序。返回到运行工具窗口，就会看到如图 8-6 所示的内容。

```
127.0.0.1 - - [23/Jan/2022 22:16:52] "GET /_dash-component-suites/dash/html/dash_html_components.v2_0_0m1631477133.min.js HTTP/1.1" 200 -
127.0.0.1 - - [23/Jan/2022 22:16:52] "GET /_dash-component-suites/dash/dash_table/bundle.v5_0_0m1631477133.js HTTP/1.1" 200
127.0.0.1 - - [23/Jan/2022 22:16:52] "GET /_dash-layout HTTP/1.1" 200 -
127.0.0.1 - - [23/Jan/2022 22:16:52] "GET /_dash-dependencies HTTP/1.1" 200 -
127.0.0.1 - - [23/Jan/2022 22:16:52] "GET /_favicon.ico?v=2.0.0 HTTP/1.1" 200 -
127.0.0.1 - - [23/Jan/2022 22:16:53] "GET /_dash-component-suites/dash/dcc/async-dropdown.js HTTP/1.1" 200 -
> c:\users\13474\heroku\my_dash\book dash\chapter 8\debug-demo.py(23)update_graph()
     22     ipdb.set_trace()
---> 23     dff = df[df.sex==value]
     24     dff = dff[dff.day=='Mon']

ipdb>
```

● 图 8-6　在 PyCharm 运行窗口中激活调试

如果在运行窗口中执行 print(dff.head())，就会得到一个错误提示，指出 dff 未定义。这是因为创建和定义 dff 的代码在第 23 行，该行代码尚未执行。要告诉调试器执行下一行代码，请在运行窗口中输入小写字母“n”。然后，再次执行 print(dff.head())，就会看到 DataFrame 的前五行，如图 8-7 所示。

```
> c:\users\13474\heroku\my_dash\book dash\chapter 8\debug-demo.py(24)update_graph()
     23     dff = df[df.sex==value]
---> 24     dff = dff[dff.day=='Mon']
     25     fig = px.bar(dff, x='time', y='total_bill')

ipdb> print(dff.head())
    total_bill   tip     sex smoker  day    time  size
0        16.99  1.01  Female     No  Sun  Dinner     2
4        24.59  3.61  Female     No  Sun  Dinner     4
11       35.26  5.00  Female     No  Sun  Dinner     4
14       14.83  3.02  Female     No  Sun  Dinner     2
16       10.33  1.67  Female     No  Sun  Dinner     3
ipdb>
```

● 图 8-7　在运行窗口中输出的 DataFrame

然而，若再次输入小写字母“n”，执行第 24 行代码，然后再次执行 print(dff.head())，就会在运行窗口中看到一个通知，告诉您 DataFrame 为空：

```
Empty DataFrame
Columns:[total_bill, tip, sex, smoker, day, time, size]
Index:[]
```

这是因为第 24 行代码过滤了 day 列，只包含带有“Mon”的行，但结果是没有任何一行具有“Mon”的值，因此 DataFrame 为空。要检查 day 列中存在哪些唯一值，请在运行窗口中输入“print(df.day.unique())”。这样就会在 day 列中只找到［'Sun''Sat''Thur''Fri'］的值，因此在应用程序执行时，图表没有绘制任何内容，原因在于根本没有任何数据可以绘制。

为了修复应用程序，在第 24 行中将“Mon”更改为“Fri”，并重新启动 debug-demo.py 文件（如果应用程序不能重新启动，就将最后的端口号从 8004 更改为其他任何端口）。再次回到终端，只需要输入“c”（而不必每行代码都输入“n”）就可以继续执行该程序，直到完成。因为应用程序中没有其他 bug（断点），所以执行成功，如图 8-8 所示。

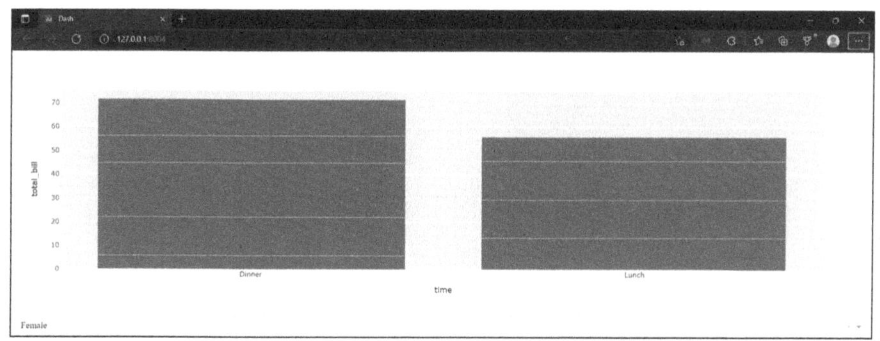

● 图 8-8　调试后 debug-demo.py 应用程序执行成功

有关 ipdb 包的详细内容，请访问 https://wangchuan.github.io/coding/2017/07/12/ipdb-cheat-sheet.html。

祝各位读者调试快乐！

8.5 dash-labs

dash-labs 是由 Plotly 创建的 GitHub 存储库，是 Dash 未来潜在功能在当前的技术预览，其网址为 https://github.com/plotly/dash-labs。大家在社区的积极反馈和热情参与对该存储库的顺利发展至关重要，因为这些未来潜在功能是为大家构建的，同时也是在大家的帮助下实现的。过去几年间，在 dash-labs 中曾开发了一些 Dash 功能，包括灵活的回调签名（https://dash.plotly.com/flexible-callback-signatures）和长回调（https://dash.plotly.com/long-callbacks）。

在撰写本书期间，dash-labs 中有两个活跃的项目，包括 Multipage Apps 功能和 Dashdown 功能。Multipage Apps 功能提供了一种快速无缝方式来编写多页面应用程序，Dashdown 功能则允许使用 Dash 执行 Markdown 文档。若读者有兴趣探索 dash-labs，请单击 dash-labs 存储库中的 docs 文件夹（见图 8-9），阅读已开发功能的更多信息。

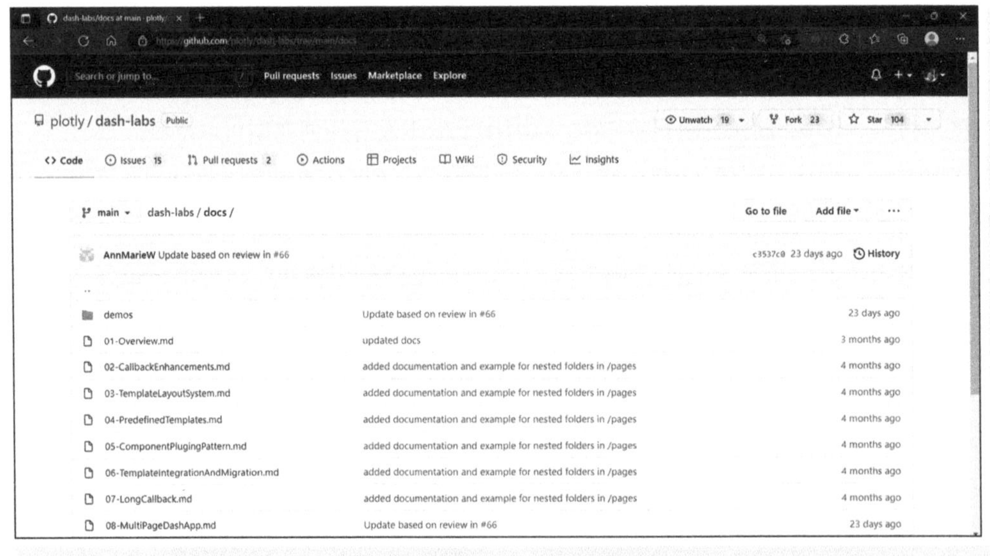

图 8-9　与 dash-labs 存储库相关的文档

若读者想亲自尝试一些功能，则可以克隆 dash-labs（git clone dash-labs），并运行位于 demos 文件夹中的 app.py 或 app_dbc.py 文件。

8.6 用 Black 格式化代码

以规范的方式编写代码不仅美观，而且对提高代码的可读性至关重要。随着读者编程技能的提高，编写的程序会变得越来越大和越来越复杂。如果这些大程序格式不正确，那么编程者很容易在自己的代码中迷失方向。根据 Python 的官方样式指南，按照 PEP8 格式手动格式化代码是一项非常耗时的大工程。幸运的是，我们拥有 Python 工具 Black，它是一个代码格式化工具。

下面介绍 Black 实例。首先，安装 Black：

```
$ pip install black
```

然后，访问 https://github.com/DashBookProject/Plotly-Dash，下载 pre-black-formatting.py 文件并打开该文件，详见代码清单 8-1。

代码清单 8-1：pre-black-formatting.py 文件

```
from dash import Dash, dcc, html
import plotly.express as px
import pandas as pd

app = Dash(__name__)

df = pd.DataFrame({
    ❶'Fruit': ["Apples", "Oranges", "Bananas", "Apples", "Oranges",
           "Bananas"],
    "Amount": [4, 1, 2, 2, 4, 5],
    "City": ["SF", "SF", "SF", "Montreal", "Montreal", "Montreal"]
})

❷fig=px.bar(df, x="Fruit", y="Amount", color="City")

app.layout = html.Div([
    html.H1("Fruit Analysis App", style={'textAlign':'center'}),
        ❸dcc.Graph(
            id='example-graph',
            figure=fig
        )
    ],
)

if __name__ == '__main__':
    app.run_server(debug=True)
```

在以上代码中，有一些格式不一致的地方。例如，第❶行中的 Fruit 键采用了单引号，而 Amount和 City 键却采用了双引号。Fruit 键的值跨越了两行代码，而其他键的值都写在一行代码内。另外，在构建 Plotly Express 条形图的第❷行，可以看到等号前后都没有空格（fig=px.bar）。还有，❸行中的 Dash Graph 组件跨越了 4 行代码，而 html.H1 组件（就在 Dash Graph 上面）却写在一行代码内。其实，代码中还有其他不一致之处，在使用 Black 之前，并不易发现。

为了使用 Black，首先需要打开终端，移动到保存 pre-black-formatting.py 文件的目录，然后输入以下命令，后面的是文件名，如下所示：

```
$ black pre-black-formatting.py
```

这样，Black 就会自动格式化该文件，而不会对其进行重命名。为了演示，我们将文件重命名为 post-black-formatting.py，它也位于本书的 GitHub 库中（见代码清单 8-2）。

代码清单 8-2：使用 Black 格式化的 post-black-formatting.py 文件

```
from dash import Dash, dcc, html
import plotly.express as px
import pandas as pd

app = Dash(__name__)

df = pd.DataFrame(
{
    "Fruit": ["Apples", "Oranges", "Bananas", "Apples", "Oranges", "Bananas"],❶
    "Amount": [4, 1, 2, 2, 4, 5],
    "City": ["SF", "SF", "SF", "Montreal", "Montreal", "Montreal"],
}
)

fig = px.bar(df, x="Fruit", y="Amount", color="City")❷

app.layout = html.Div(
    [
        html.H1("Fruit Analysis App", style={"textAlign": "center"}),
        dcc.Graph(id="example-graph", figure=fig),❸
    ],
)


if __name__ == "__main__":
    app.run_server(debug=True)
```

可以看到，所有的单引号都被替换为双引号，Fruit 键的值都写在一行代码内而不是分在两行（见❶），等号前后的间距相等（见❷），Graph 组件在一行代码内编写而不是分散在 4 行（见

❸)。如上所见，Black 格式化的代码的格式一致，更容易阅读。

8.7 后续资源

不要停止质疑，好奇心存在即合理。

——阿尔伯特·爱因斯坦

我们都明白学无止境的道理，因此本书为读者能够继续深入学习 Dash 技能提供了以下资源。

- 我们自己的网站专门致力于讲授 Dash、分享与本书相关的更新、提供一系列教学视频，以加深您对 Dash 的了解：https://learnplotlydash.com。
- Dash Bootstrap 备忘录网站，由本书的合著者之一安·玛丽·沃德创建，提供了主要 Bootstrap 样式的语法摘要、所有 Dash Bootstrap 组件文档的链接快捷方式以及 Dash 文档不同部分的链接：https://dashcheatsheet.pythonanywhere.com。
- Finxter 是一个每月都有超过 50 万名学生访问的 Python 教育网站，由本书的合著者之一克里斯蒂安·迈耶创立，有助于学习 Python 和提升 pandas 技能。Finxter 网站的网址为 https://app.finxter.com。另外，访问 https://blog.finxter.com/coffee-break-pandas-book-page，可以免费获取他所著 *Coffee Break Pandas* 一书的访问权限。
- Charming Data 的 YouTube 频道及其对应的 GitHub 存储库是由本书的合著者之一亚当·施罗德所创建和维护的，是学习 Dash 和了解最新 Dash 开发动态的绝佳资源。GitHub 存储库的网址为 https://github.com/Coding-with-Adam/Dash-by-Plotly。
- 由社区创建和维护的 Dash 组件完整列表能够使应用程序更专业，具备更强大的功能和特性。网址为 https://community.plotly.com/t/community-components-index/60098。
- 以下是一些专门讲授 Dash 和 Plotly 的在线课程。请读者在决定选取哪个课程之前，务必先阅读该课程的评论：
  - https://www.datacamp.com/courses/building-dashboards-with-dash-and-plotly
  - https://www.coursera.org/projects/interactive-dashboards-plotly-dash
  - https://www.pluralsight.com/courses/plotly-building-data-visualizations
  - https://www.udemy.com/course/interactive-python-dashboards-with-plotly-and-dash

Python 基础知识

本附录旨在帮助读者快速复习 Python 基础知识，包括关键字、数据结构、控制流和函数等。另外向读者推荐很多优质的资源，帮助读者更全面地掌握 Python，比如我们的免费电子邮件服务：https://blog.finxter.com/email-academy。

注意：本书介绍性章节使用的代码示例和文本片段来源于本书作者之一克里斯蒂安·迈耶撰写的 *Python One-Liners*（No Starch Press，2020）一书。希望读者能够阅读这本书，全面了解 Python 代码的每一行。

A.1 安装和开始

如果用户尚未安装 Python，则需要在用户的计算机上安装它。

1）首先，访问 Python 官方网站 https://www.python.org/downloads，下载适用于用户计算机操作系统的 Python 最新版本。

2）在用户的计算机上运行安装程序。应该会看到类似于图 A-1 所示的对话框，具体取决于用户计算机的版本和操作系统。选中“Add Python to PATH”，这样就可以通过 Python 访问计算机上的所有目录了。

3）在命令行（Windows）、终端（macOS）或 shell（Linux）中运行以下命令，检查 Python 安装工作是否正确：

```
$ python--version
Python 3.x.x
```

注意：美元符号（$）为命令提示符，提示用户在命令行、终端、shell 中运行以下代码，

$ 符号后面的粗体文本才是用户应该输入的命令。

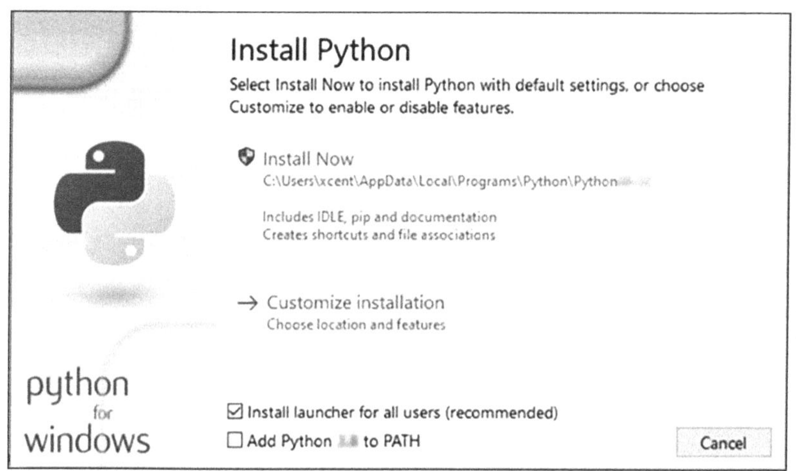

● 图 A-1 安装 Python 时弹出的窗口

这样，就在计算机上成功安装了 Python，接下来就可以使用系统内置的 IDLE（集成开发和学习环境）编辑器来编写自己的程序了。只需要在操作系统上搜索 IDLE 一词，然后打开该程序。

在 shell 中输入以下命令，完成自己的第一个程序：

```
print('hello world! ')
```

Python 将解释以上命令并将“hello world!”输出到用户的 shell 上，如图 A-2 所示。

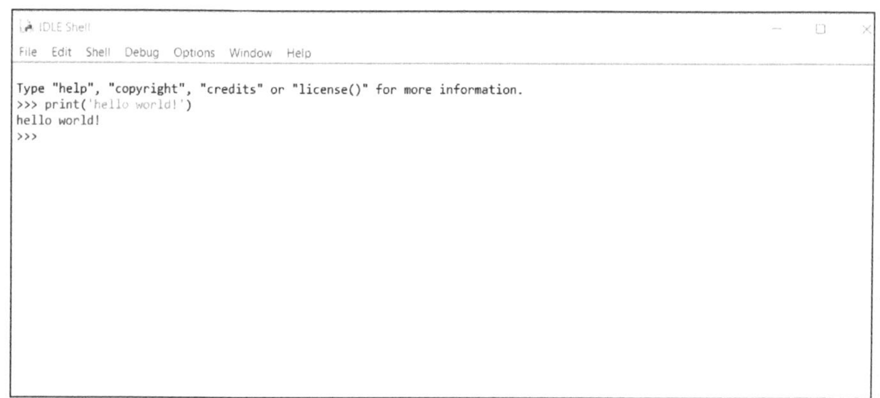

● 图 A-2 Python 中的 hello world 程序

上述与 Python 解释器来回通信的模式称为交互模式，交互模式的优势在于即时反馈。然而，计算机编程还应该具有自动化特点，换言之，用户只编写一次程序，然后就可以反复多次运行该程序。

下面介绍一个简单的程序，当用户每次运行该程序时，会依照用户的名字进行问候。保存该程序，可供日后随时运行。这类程序称为脚本程序，在将它们保存为 Python 文件时，需要在文件名称后面使用扩展名.py，例如 my_first_program.py。

通过 IDLE Shell 的菜单创建脚本，如图 A-3 所示。

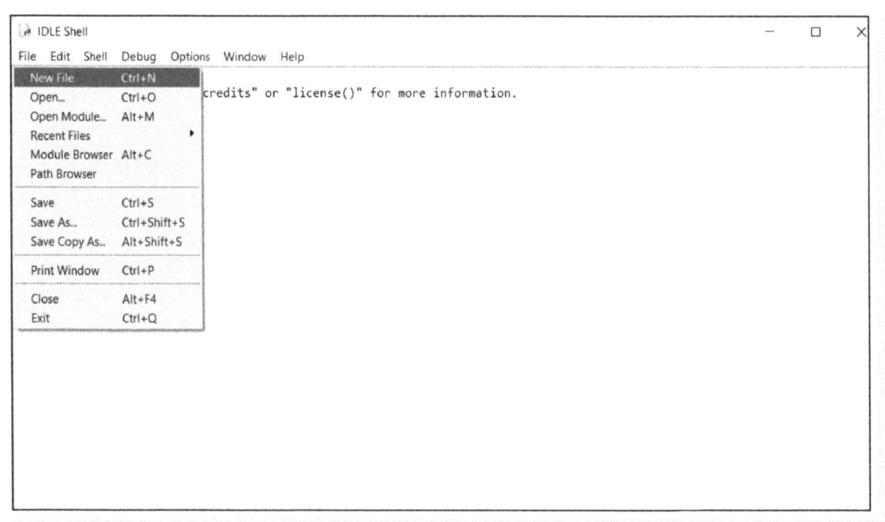

● 图 A-3 创建用户自己的文件

依次单击 File→New File，将以下代码复制并粘贴到用户的新文件中：

```
name = input("What's your name?")
print('hello' + name)
```

将文件另存在桌面或其他任何位置，文件名称为 hello.py。当前的脚本程序如图 A-4 所示。

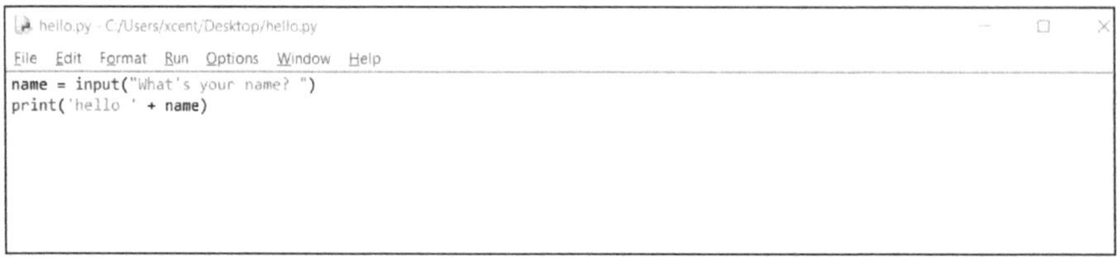

● 图 A-4 程序接受用户输入和做出响应，并输出

接下来，进行以下操作：依次单击 Run→Run Module。Python 程序就会在交互式 shell 中运行。程序会逐行运行文件中的代码。第一行代码要求用户输入名字，shell 将等待用户的输入。第二行代码随后获取用户的名字，将其输出到 shell。该程序运行如图 A-5 所示。

```
IDLE Shell
File  Edit  Shell  Debug  Options  Window  Help

Type "help", "copyright", "credits" or "license()" for more information.
>>>
=================== RESTART: C:/Users/xcent/Desktop/hello.py ===================
What's your name? Arthur Dent
hello Arthur Dent
>>>
```

● 图 A-5　新建程序的运行示例

A.2 数据类型

在上一节内容中，读者已经看到了可运行的 Python 程序，本节将回顾 Python 的基本数据类型。

A.2.1 布尔值

布尔型数据有两个关键字：False 和 True。在 Python 中，布尔值由整数类数据表示：False 由整数 0 表示，True 由整数 1 表示。布尔值通常用于指示一个陈述的真假，或指示一个比较的结果。下面的代码片段展示了 False 和 True 的作用。

```
x = 1 > 2
print(x)
# False

y = 2 > 1
print(y)
# True
```

在以上代码中，对给定的表达式进行评估之后，变量 x 指示的布尔值为 False，变量 y 指示的布尔值为 True。可以使用布尔值创建代码的有条件执行，因此其在处理数据时很重要，比如在使用某个值之前可以先检查该值是否高于阈值（请参阅第 7 章中的 SVM Explorer 应用程序，了解基于阈值的数据分类）。

布尔值运算符主要包括以下基本逻辑运算符：and、or 和 not。

- 运算符 and：如果 x 和 y 都是 True，则表达式 x and y 的计算结果为 True；如果 x 和 y 其中一个为 False，则整个表达式的计算结果变为 False。
- 运算符 or：如果 x 或 y 为 True 或者 x 和 y 两者都是 True，则表达式 x or y 的计算结果为 True。简言之，只需要 x 和 y 有一个为 True，则整个表达式的计算结果为 True。
- 运算符 not：当 x 为 False 时，表达式 not x 的计算结果为 True。

在以下 Python 代码示例中，读者可以直观地理解以上 3 个布尔运算符。

```
x, y = True, False

print(x or y)
# True

print(x and y)
# False

print(not y)
# True
```

由此可见，通过使用 and、or 和 not 运算符，可以形成所有的逻辑表达式。

布尔运算符具有优先级排序，优先等级由高到低分别为 not、and、or。示例如下。

```
x, y = True, False

print(x and not y)
# True

print(not x and y or x)
# True
```

在以上示例中，设置变量 x 为 True，y 为 False。当调用 not x and y or x 时，Python 将其解释为(((not x) and y) or x)，计算结果显然与(not x) and (y or x)不同。读者可以自己动脑筋进行推导。

A.2.2 数值

整数和浮点数是两种重要的数值类型。整数是没有浮点精度的正数或负数（例如 3）。浮点数是具有浮点精度的正数或负数（例如，3.14159265359）。Python 提供了多种内置的数值运算，还可以在不同数值类型之间进行转换。下面是一些算术运算的示例。首先，创建 x 变量，值为 3；创建 y 变量，值为 2：

```
>>> x, y = 3, 2
>>> x + y
5
>>> x - y
1
>>> x * y
6
>>> x / y
1.5
>>> x // y
1
>>> x % y
1
>>> -x
-3
>>> abs(-x)
3
>>> int(3.9)
3
>>> float(3)
3.0
>>> x ** y
9
```

在以上示例中，前 4 种运算分别是加法、减法、乘法和除法。接下来的“//”运算符是整数除法，运算结果是向较小整数取整的整数值（例如，3 // 2 == 1）。“%”运算符是模运算符，运算结果是给出除法的余数。“-”（减号）运算符将数值变成负数。abs( )返回数字的绝对值。int( )将数值转换为整数，丢弃小数点后的所有数字。float( )将所给数值转换为浮点数。双星号“**”表示幂运算。以上运算符的优先级顺序与我们在学校数学课上学到的一致：括号的优先级在幂运算之前，幂运算的优先级在乘法之前，乘法的优先级在加法之前。

A. 2. 3 字符串

Python 字符串是由字符组成的序列。字符串是不可变的，因此一旦创建就无法更改；如果用户要更改字符串，则必须创建一个新的字符串。字符串是指引号内的文本（包括数字），比如 "this is a string"。以下是创建字符串的 5 种常见方式。

1）单引号：'Yes'。

2）双引号："Yes"。

3）三引号（用于多行字符串）：'''Yes''' 或 """Yes"""。

4）字符串方法：str(yes)== 'yes' is True。

5）连接：'Py' + 'thon '变成' Python '。

要在字符串中使用空格字符，必须对这些空格字符进行明确指定。要在字符串内进行文本换行，需要使用换行符“\n”。要添加制表符空格，需要使用制表符“\t”。

字符串也有自己的一组方法。strip()方法可以删除字符串开头和结尾处指定的字符，包括空格、制表符、换行符：

```
y = " This is lazy\t\n "
print(y.strip())
```

可以让输出结果更加整洁：

```
'This is lazy'
```

lower()方法，可以将整个字符串转换为小写字母：

```
print("DrDre".lower())
```

输出结果是：

```
'drdre'
```

upper()方法，可以将整个字符串转换为大写字母：

```
print("attention".upper())
```

输出结果是：

```
'ATTENTION'
```

startswith()方法，可以查看字符串的开头处是否有用户所提供的参数：

```
print("smartphone".startswith("smart"))
```

结果返回一个布尔值：

```
True
```

endswith()方法，可以查看字符串的末尾是否有用户所提供的参数：

```
print("smartphone".endswith("phone"))
```

同样返回一个布尔值：

```
True
```

find()方法，返回子字符串在原始字符串中第一次出现的索引：

```
print("another".find("other"))
```

输出结果是：

```
Match index: 2
```

replace( )方法，将字符串中出现的第一个参数中的字符替换为第二个参数中的字符：

```
print("cheat".replace("ch", "m"))
```

cheat 变成了：

```
meat
```

join( )方法，可以把可迭代对象参数的所有值组合在一起，并使用称为分隔符的字符分隔各元素：

```
print(','.join(["F", "B", "I"]))
```

输出结果是：

```
F,B,I
```

len( )方法，返回字符串中的字符数，包括空格：

```
print(len("Rumpelstiltskin"))
```

输出结果是：

```
String length: 15
```

关键字 in，可以检查某一个字符串是否出现在另一个字符串中：

```
print("ear" in "earth")
```

返回一个布尔值：

```
Contains: True
```

以上字符串方法表明 Python 的字符串数据类型灵活，功能强大，用户可以使用内置的 Python 功能解决许多常见的字符串问题。

A.3 控制流

本节将介绍编程逻辑，它可以为代码做决策。打个比方，算法就像食谱，如果该食谱仅仅包含一系列连续的命令，比如给锅装满水、加盐、加入大米、倒掉水、盛饭，而不包含决策，那么我们可能会在几秒钟内完成以上步骤，最后得到的却是一碗生米饭。实际上，我们需要针对不同的情况有不同的响应，比如：如果水沸腾了，就把大米放进锅里，只有米饭软了才把它从锅里盛出来，诸如此类。在不同条件下有不同响应的代码，称为条件执行代码。在 Python 中，条件执行代码的关键字包括 if、else 和 elif。

下面是比较两个数字的基本示例：

```
half_truth = 21

if 2 * half_truth == 42:
    print('Truth! ')
else:
    print('Lie! ')
```

得到的结果是：

```
Truth!
```

if 的条件语句 2 * half_truth == 42 生成的计算结果为 True 或 False。如果表达式的计算结果为 True，就进入第一个分支，打印 “Truth!”；如果表达式的计算结果为 False，就进入第二个分支，打印 “Lie!”。在以上示例中，表达式计算结果为 True，因此进入第一个分支，shell 输出为 “Truth!”。

每个 Python 对象，比如变量或列表，都有一个隐式关联的布尔值，这就意味着可以使用 Python对象作为条件。例如，空列表的计算结果为 False，非空列表的计算结果为 True：

```
lst = []

if lst:
    print('Full! ')
else:
    print('Empty! ')
```

输出结果是：

```
Empty!
```

如果不需要 else 分支，则可以直接跳过该分支。在以下示例中，如果条件评估为 False，则 Python 将直接跳过：

```
if 2 + 2 == 4:
print('FOUR')
```

输出结果是：

```
FOUR
```

在以上示例中，只有 if 条件的计算结果为 True 时，才会输出。否则，什么也不会发生。该代码没有任何副作用，只是被执行流程跳过了。

还可以使用包含两个以上条件的代码。这时就需要使用 elif 语句，如下所示：

```
x = input('Your Number: ')

if x == '1':
    print('ONE')
elif x == '2':
    print('TWO')
elif x == '3':
    print('THREE')
else:
    print('MANY')
```

以上代码接受用户的输入，将其与字符串'1'、'2'和'3'分别进行比较。针对每种情况，输出不同的结果。如果用户的输入与这 3 个字符串都不能匹配，则进入最后一个分支，输出'MANY'。

以下代码片段接受用户的输入，将其转换为整数，并存储在变量 x 中。然后判断该变量是否大于、等于或小于 3，并针对每种情况，输出不同的结果。换句话说，针对不可预测的用户输入，代码以差异化的方式进行响应。

```
x = int(input('your value: '))
if x > 3:
    print('Big')
elif x == 3:
    print('Medium')
else:
    print('Small')
```

在关键字 if 后，给出程序执行应遵循路径的条件。如果条件的计算结果为 True，则执行路径为给定的第一个分支，即紧随其后的缩进语句块。如果条件的计算结果为 False，则执行流程将进一步判断，执行以下三项操作之一：

- 评估是否满足 elif 分支给出的附加条件。
- 如果既不满足 if 条件也不满足 elif 条件，则执行流程转移到 else 分支。
- 如果没有给定其他分支并且没有 elif 分支，则跳过整个代码块。

条件执行代码的规则：其一，执行路径从顶部开始向下移动，直到某一条件得以匹配，执行相应的代码分支；其二，判断所有条件，但无一匹配。

在以下示例中，将多个对象传递到if条件中，并且像布尔值一样使用这些对象。

```
if None or 0 or 0.0 or '' or [] or {} or set():
    print('Dead code') # 不可达
```

在以上代码中，if条件评估为False，因此永远不会到达print语句。原因在于关键字None、整数值0、浮点值0.0、空字符串和空容器类型的计算结果皆为布尔值False。假若Python可以将以上任何一个计算结果隐式转换为True，那么表达式None or 0 or 0.0 or '' or [ ] or { } or set( )的计算结果为True，但是在本示例中并不能隐式转换为True，而是全都转换成False。

A.4 循环执行

在Python中有两种类型的循环，可以重复执行相似的代码片段：for循环和while循环。下面将创建一个for循环和一个while循环，以两种不同的方式实现同一目的：将整数0、1和2输出到Python shell。

for循环：

```
for i in [0, 1, 2]:
print(i)
```

输出结果是：

```
0
1
2
```

在以上代码中，for循环通过声明循环变量“i”来重复执行循环体，循环变量“i”迭代获取列表［0，1，2］中的所有值，然后依次输出变量“i”。

```
i = 0
while i < 3:
    print(i)
    i = i + 1
```

输出结果同样是：

```
0
1
2
```

只要满足条件，while循环就会执行循环体。在以上示例中，条件为i < 3。

上述两种循环，可以自由选择。通常，当遍历固定数量的元素时，比如遍历列表中的所有元素，会使用 for 循环；当重复某个动作直到实现某个结果时，就会使用 while 循环，比如反复猜测入口密码，直至进入。

终止循环有两种基本方法：其一，定义计算结果为 False 的循环条件；其二，在循环体中，在希望循环停止的确切位置，使用关键字 break。在以下示例中，将使用 break 来终止无限循环：

```
while True:
    break # 非无限循环

print('hello world')
```

输出结果是：

```
hello world
```

虽然以上代码创建了带有循环条件的 while 循环，但是该循环条件始终为 True，因为循环语句 while True 本身已经是 True。循环在 break 处得以终止，因此代码程序跳出循环，继续执行下一条语句 print('hello world')。

读者可能感到费解，如果不希望循环永远运行，那么，为什么首先创建了无限循环？其实，这种做法很常见，比如，在开发 Web 服务器时，必须使用无限循环来等待新的 Web 请求并为该请求提供服务。但是，有时还会希望能够提前终止循环，比如在服务器检测到攻击时，就希望停止提供服务。在上述情况下，如果满足特定条件，就可以使用关键字 break 来停止循环。

还可以强制 Python 解释器跳过循环中的某些区域，而并不提前结束循环。在 Web 服务器示例中，可能只是希望跳过恶意 Web 请求的执行，而不是完全停止服务器。针对上述情况，就可以使用 continue 关键字，该关键字会结束当前循环迭代，并将执行流程带回到循环的开始，同时继续判断循环条件，示例如下所示：

```
while True:
    continue
    print('43') # Dead code
```

以上代码将永远运行，但是不会执行 print 语句，因为在执行流程到达 print()行之前，continue 语句终止了本次循环迭代，并将执行流程带回到循环开始。该 print()行成为“死”代码：永远不会被执行的代码。continue 语句和 break 通常只与附加条件 if-else 一起使用，如下所示：

```
while True:
    user_input = input('your password: ')
    if user_input == '42':
        break
    print('wrong! ') # Dead code

print('Congratulations, you found the secret password! ')
```

以上代码持续重复请求密码，直到用户给出正确密码为止。一旦用户输入正确的密码 42，则将执行关键字 break，循环终止，将执行最后的 print 语句。若用户输入其他数字，则执行本次循环的后续语句，然后循环执行返回到开始，因此用户将不得不再次重试密码，示例如下。

```
your password: 41
wrong!
your password: 21
wrong!
your password: 42
Congratulations, you found the secret password!
```

以上这些，就是控制程序执行流程的重要关键字。下面将介绍其他次要关键字。

A.5 其他关键字

让我们看看其他一些有用的关键字。

关键字 in 用于检查某个元素是否存在于某一个序列或容器类型中。下面将检查 42 是否存在于后面的列表中，并检查字符串 21 是否存在于以下集合中。

```
print(42 in [2, 39, 42])
# True

print('21' in {'2', '39', '42'})
# False
```

in 关键字会返回一个布尔值，因此第一条语句返回 True，第二条语句返回 False。

关键字 is 用于检查两个变量是否引用了内存中的同一个对象。Python 初学者经常对关键字 is 的确切含义迷惑不解，因此有必要厘清。下面将看到内存中指向同一对象的两个变量，还将看到貌似相同但指向不同对象的两个列表。

```
x = 3
y = x
```

```
print(x is y)
# True

print([3] is [3])
# False
```

在以上第一个示例中，关键字 is 检查 x 是否为 y 时，结果为 True，因为明确地设置了 y 引用 x。在以上第二个示例中，创建了两个列表［3］与［3］，尽管二者包含相同的元素，但结果却是 False，因为这两个列表引用了内存中的两个不同列表对象。如果用户稍后决定修改其中一个列表对象，那么并不会影响另一个列表对象。关键字 is 检查到两个列表不是同一对象，因此结果为 False。

A.6 函数

函数是指完成特定任务的可重用代码片段。程序员之间经常共享某些函数来处理某些特定任务，从而节省各自编写代码的时间和精力。

关键字 def 用于定义函数。下面定义两个简单的函数，每个函数分别输出一个字符串。

```
def say_hi():
    print('hi! ')
def say_hello():
    print('hello! ')
```

函数的构成包括关键字 def、带括号的函数名、函数体，其中函数体是一个缩进的代码块。该代码块还可以包含其他缩进块，如 if 语句，如再定义一个函数。切记，函数体必须缩进，正如 Python 中定义的其他代码块一样。

以下函数将新起一行并输出两个字符串。

```
def say_bye():
    print('Time to go...')
    print('Bye! ')
```

在 Python shell 中运行以上 3 个函数，像下面这样：

```
Say_hi()
Say_hello()
Say_bye()
```

输出结果是：

```
hi!
hello!
Time to go...
Bye!
```

以上 3 个函数依次得以执行。

A.6.1 参数

函数可以在括号内接受参数。参数可以为用户定制输出。以下函数接受 name 作为唯一的参数，在 shell 输出一个定制的字符串。

```
def say_hi(name):
    print('hi ' + name)

say_hi('Alice')
say_hi('Bob')
```

首先定义该函数，然后分别使用不同的参数' Alice '和' Bob '运行该函数，函数的输出也是不同的。

```
hi Alice
hi Bob
```

函数还可以接受多个参数：

```
def say_hi(a, b):
    print(a +' says hi to ' + b)

say_hi('Alice', 'Bob')
say_hi('Bob', 'Alice')
```

输出结果如下：

```
Alice says hi to Bob
Bob says hi to Alice
```

在以上第一次函数执行中，参数变量 a 取值为字符串' Alice '，参数变量 b 取值为字符串' Bob '。在第二个函数执行中，对以上取值进行了反转，因此得到了不同的输出。

函数也可以有返回值，所以用户可以将某一个值传递给函数，然后将其返回值在后续代码中使用，如代码清单 A-1 所示。

代码清单 A-1：使用关键字 return

```
def f(a, b):
    return a + b
```

```
x = f(2, 2)
y = f(40, 2)

print(x)
print(y)
```

关键字 return 用于返回函数中的值，并终止该函数。Python 在关键字 return 之后立即检查返回值，结束函数，并将该值返回给函数的调用者。如果没有显式地使用 return 语句，则 Python 默认将表达式 return None 添加到函数的末尾。关键字 None 表示没有任何值（在其他编程语言中，如 Java，使用关键字 null），请读者不要误认为 None 等于整数值 0。其实，Python 使用关键字 None 来表明这是一个空对象，比如空列表或空字符串，None 并不代表数字 0。

当函数执行结束时，就会将执行结果传递给函数的调用者，关键字 return 只是让用户可以更好地控制何时终止函数以及返回什么内容。

在以上代码清单 A-1 中，将 a=2 和 b=2 传递给函数，得到的结果为 4；将 a=40 和 b=2 传递给函数，得到的结果为 42。下面是输出结果：

```
4
42
```

几乎所有仪表板应用程序都包含至少一个提升交互性的函数。下面就是一个基于用户输入而更新图形的函数。

```
def update_graph(value):
    if value == 2:
        return 'something'
```

接下来，将研究 Python 的更高级且高度相关的特性：默认函数参数。

A.6.2 默认函数参数

默认参数允许用户在 Python 中定义带有可选参数的函数。如果用户在调用函数时选择不提供参数，则使用默认参数。用户可以通过在参数名称后使用等号（=）并附加默认值的方式设置默认参数。

代码清单 A-2 展示了默认参数的有趣示例。首先，定义了函数 add()，返回函数参数 a 和参数 b 的总和。因此，add(1,2)将返回 3，add(41,1)将返回 42。然后，为函数参数指定默认值：a 为 0，b 为 1。如果在函数调用中没有为参数 a 和参数 b 中的一个或两个传递任何值，那么参数 a 和参数 b 将被设置为其默认值：a 为 0，b 为 1，因此，add(1)将返回 2，add(-1)将返回 0，add()

将返回 1。

代码清单 A-2：定义带有默认参数的函数

```
def add(a=0, b=1):
    return a + b

print(add(add(add())))
```

输出结果是：

```
3
```

在以上 print(add(add(**add()**)))内以加粗形式显示的最内层函数调用中，调用函数 add()时不带参数，因此使用参数 a 和参数 b 的默认值（分别为 0 和 1）。

对于其余两个依次向外的调用，只向 add()传递了一个参数，即上一个函数调用的返回值。这个参数为参数 a，是根据参数的位置来确定的，b 的默认值为 1。最内层函数 add()的调用的返回值为 1，该值在第二次函数调用中被传递给 add()的参数 a，因此增加 1，然后在第三次函数调用中该值再次增加 1。代码清单 A-2 分步执行，如下所示：

```
add(add(add()))
    = add(add(1))
    = add(2)
    = 3
```

可以看到，默认参数可以有效提升函数在输入方面的灵活性。

A.7 Python 在线资源和拓展阅读

访问 https://pythononeliners.com，免费查看 *Python One-Liners* 介绍性视频。

访问 Python 官方网站 https://www.python.org，下载 Python 最新版本。

访问 https://blog.finxter.com/python-lists，查看 Python 列表的完整教程以及详细的视频内容。

访问 https://blog.finxter.com/introduction-to-slicing-in-python，查看 Python 切片的完整视频教程。

访问 https://blog.finxter.com/python-dictionary，查看 Python 字典的完整指南。

访问 https://blog.finxter.com/list-comprehension，查看列表解析式的视频指南。

访问 https://blog.finxter.com/object-oriented-programming-terminology-cheat-sheet，下载 PDF 格式的面向对象编程（Object Oriented Programming，OOP）备忘录。

访问 https://blog.finxter.com/python-crash-course，查找更多备忘录和免费 Python 速成课程。